建筑百家书信集

杨永生　编

中国建筑工业出版社

编者的话

年纪大了，离休在家，整日赋闲，虚度年华，身心慌慌。没有领导交任务，就自己找些力所能及的事儿来做。

去年，在建筑学界朋友们的支持下，编了一本《建筑百家言》，初版印了两千册，不到一年又两次再版，共印了6000册。在读者的这种鼓励下，得到中国建筑工业出版社领导同意接受出版后，又着手搜集我国建筑学专家、教授相互之间写的书信。很快就收到许多朋友寄下的原信复印件。对他们的热情支持，谨致深切的敬意和谢意，叩首!叩首!

经过筛选，在这本书里编入了74封信件。这些信都是有学术价值和史料价值的。

在选编这些信函的过程中，我一直懊悔这件事办晚了。若在“文革”之前，着手搜集建筑学界人士的往来信件，那真不知道要比这本书丰富多少倍。若是20年前，甚至10年前编这本书，也会比现在好得多。

70年代后期，同济大学教授陈从周对我说，20多年来，他在研究苏州古典园林当中，每每遇到一些疑难问题，都向刘敦桢教授请教，书信往来甚频。刘先生回复他的信函，都一一妥为保存。可惜，“文革”中全被抄走了，不知下落。类似情况，又何止陈先生一人。

真是遗憾多多。杨廷宝教授夫人陈法青在去年12月26日给我的回信中说，杨老遗留下一个信件盒，前些日子还见到过。接我信后，欲找出寄来，竟找不到了，不翼而飞。

去年，给上海同济大学吴景祥教授去信索取1958年上海六教授关于北京人民大会堂设计致周恩来总理的信，久久未复。又托同济大学沙永杰同志去吴先生家里面谈此事。未料，他欲前往的前一天，吴先生竟病逝。那封非常重要的信件，至今未能搜集到。

这里需要说明的是，少数非建筑界人士的信件(如钱学森、朱家溍等)也没舍得丢弃。他们虽不是建筑界专家、教授，但他们在信件里谈的有关建筑的观点，颇有见地，具学术价值，故也一并收入。

此外，对信中不易理解的地方，还特地请有关专家写了必不可少的注释。这些注释同样具有史料价值。为尊重历史，编本书时仅改了个别错字，字迹难以辨认的以□□代之，标点符号及数字用法仍保持原状。对于写信人和收信人，只在第一次出现时，加以简介。

最后，我还要申明，尽管发出了许多信，搜集的范围仍不够广泛。如果有人能继续贡献出有学术价值或史料价值的信函，但愿还能编辑续集，并能继续得到中国建筑工业出版社领导的支持。

杨永生

1999年9月于北京

目　录

目　录

目　录

虞炳烈致 Sen Wo Lee 信

(1931 年 9 月 22 日)

敬启者，久切慕蔺之私，未遂识荆之愿。刻由若发尔 M.Gaffart君谈及

先生在南美事业雄伟，为我华争光。炳烈系江苏无锡人，留学法兰西国十年，专研建筑。去年考得法国国授建筑师(即前译法国政府授凭建筑师)之学位(ARCHITECTE DIPLOME PAR LE GOUVERNEMENT)，开留法建筑界之先导。复于今夏获法国国授建筑协会最优文凭之奖章及奖金千五百佛郎，按章已较发明或创著之博士学位为更高，选题为巴黎新大学区中国学舍（即前译巴黎大学城中国学舍，LA MAISON CHINOISE A LA CITE UNIVERSITAIRE DE PARIS)[1]。既蒙法国政府之褒奖，复蒙中国政府之嘉许，巴黎大学城会长及巴黎全体中国同学亦一致称善、祝贺。咸谓此壮美之计划一旦造成，堪为中国在世界文明中心之巴黎争光，为同学造福[2]。

该建筑需款一千七百万佛郎，政府苦无力量，南洋侨胞以商业跌落，捐款无方。全国各界有志无力建此美轮美奂中国留学计划最切要之巨厦。且巴黎新大学区已建之学舍有法、比、坎、日、美、荷、亚尔然丁、阿尔美尼、安南、西班牙、丹麦等国，正建造者亦风起云涌，独我堂堂之中华民国，虽有建筑人才而经济力量薄弱，成为莫大憾事。若发尔君云

先生系中国海外商业伟人，性和蔼慷慨，乐于捐助祖国教育上之大建设，函恳之必有效。敬特修笺请求，并集该巴黎大学中国学舍计划巨图之照相，并照抄世界名人之贺信及奖牌照相等等，一并寄呈候核。恳请慨捐建筑费一千七百万佛郎，俾此壮丽深究之计划在各国学舍之间雄立，非特我国之荣，实亦我留法同学之福。而

先生巍峨之铜像，将矗立于巴黎大学城之中，而学舍命名即为“Fondation Sen Wo Lee”，用中法两国文字刻之[3]。

先生之名将在世界文明中心法京巴黎各国人士耳目间永恒流芳不朽。而炳烈亦得托

庇实现其一年来惨淡经营在脑海中构成之楼阁[4]，其名亦赖以传扬不朽。炳烈幸甚，祖国幸甚。临颖神驰，不胜悚惶，急切待命之至。肃此叩请

钧安

法国国授建筑师

虞炳烈 叩于巴黎

二十年九月二十二日

附呈：

若发尔君介绍书一

巴黎大学中国学舍计划相片四张

法国国授建筑师协会奖牌照相一张

法国政府总建筑师汤宜甲尔尼爱证书

法国国授建筑师协会官报

里昂中法大学季刊

巴黎大学城中国学舍促成会宣言

各国人士贺信约十种

回　示信封一

商报一份照相

虞炳烈(1895～1945)，中国近代建筑师，江苏无锡人。1929 年毕业于法国国立里昂建筑学校。1930 年考取法国国授建筑师学位，是中国得此学位的第一人。曾任中央大学建筑工程系教授、系主任。1941 年在桂林开设“国际建筑师事务所”。1945 年在赣州因日军逼近，进山躲避，感染疔疮，无药医治，英年早逝。

Sen Wo Lee，音译孙华黎，生平不详。从虞炳烈这封信中，可知是一位在南美的华侨富商。

侯幼彬注释

[1]巴黎新大学区中国学舍。巴黎新大学区位处巴黎南郊，1921年由法国政府购旧城堡地2800平方米，捐赠巴黎大学，专门供各国建造学生宿舍，无偿划给地皮。到1931年，已建有十几国学舍。中国留法学生人数较多，也分到一块地皮，但一直无力建造。虞炳烈鉴于中国学舍的兴建，可解决中国留法学生付不起高昂房费的困难，特选该建筑作为申请“法国国授建筑师”学位的设计应试题，想通过设计，促进中国学舍的建成。

[2]虞炳烈把“中国学舍”设计成冂字形带穿廊院的7层大楼。平面布局紧凑，每个单间住一名留学生，巧妙地为每个单间设置了小巧的独用卫生间。在争取多设单间，满足适度的住宿条件上，处理得很得当。建筑外观采用中国式的檐口、腰檐、门廊、穿廊，平屋顶上部耸立中国式的亭阁、花架，整体建筑具有浓郁的中国风格。这个设计受到了评委的高度赞扬，被列为学位考试的最优等第，不仅授予了“法国国授建筑师”的学位，并且颁发了最优学位奖章和奖金。

[3]巴黎新大学区中的各国学舍，普遍都是通过征集募款、争取赞助的办法修建的。按惯例，学舍大楼即以资助人名字命名，并立资助人铜像于楼前。虞炳烈对中国学舍的资助人，也援引这种做法，拟将中国学舍命名为“孙华黎基金楼”。

[4]虞炳烈发出此信后，并没有得到收信人的捐助。巴黎新大学区中国学舍，没能投入建造。中国留法学生当时曾成立“巴黎大学城中国学舍促成会”，也没能促成学舍建立。从虞炳烈的这封信中，我们可以感受到当时中国留法学子为争取改善群体的生活处境，不得不卑躬谋求赞助的急切心态和良苦用心。

敬啟者：久切慕蘭之私，未遂識荊之願。頃由[illegible]君談及
先生在南美事業雄偉，為我華爭光。炳烈[illegible]人，留學法蘭西
國十年，專研建築。去年考得法國國授建築師（[illegible]）之學位
(Architecte Diplômé par le Gouvernement) 開留法建築界之先導。[illegible]今夏
獲法國國授建築協會最優大憑之獎章，及獎金千五百佛郎。[illegible]巴
黎發明或創者之博士學位為更高。題目為巴黎新大學區中國學舍
（即前詳巴黎大學城中國學舍 La Maison Chinoise à la Cité Universitaire de Paris）
既蒙法國政府之褒獎，復蒙中國政府之嘉許，巴黎大學城會長及
巴黎全体中國同學亦一致稱善，祝賀咸謂此壯美之計劃一旦造成，增
高我國在世界文明中心之巴黎之光，為同學造福。
惟建築需款一千七百萬佛郎，政府苦無力量，南洋僑胞以商業跌
落，捐款無方，全國各界有志無力，建此美輪美奐中國留學計劃最
切要之巨厦。且巴黎新大學區已建立[illegible]各國有法、比、坎、日、美、荷、亞爾然丁、阿
爾美尼、安南、西班牙、丹麥等國，且更造者亦風起雲湧，獨我堂堂之中華
民國，雖有建築人才，而經濟力量薄弱，成為莫大憾事。[illegible]君云
先生係中國海外商業偉人，性和藹，慷慨樂於捐助祖國教育上之大

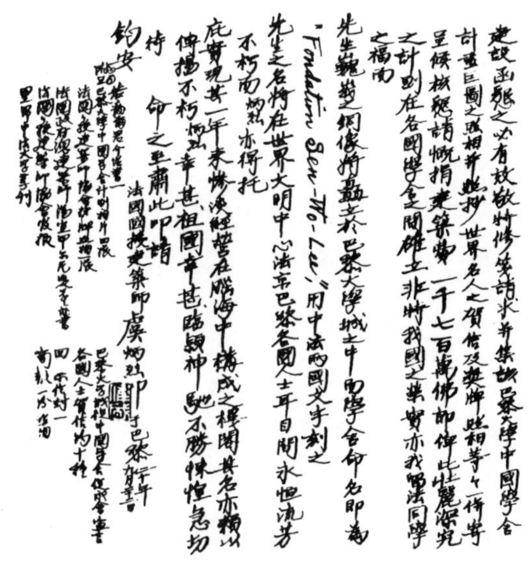

建設，函懇之，必有效。敬特修箋請求，并集巴黎大學中國學舍
設計藍圖之照相，并照抄世界名人之賀信及獎牌照相等一併寄
呈，倘蒙概允，請慨捐建築費一千七百萬佛郎，俾此壯麗深究
之計劃在各國學舍之間確立，非特我國之榮，實亦我留法同學
之福也。
先生鴻猷之銅像將矗立於巴黎大學城之中，而學舍命名即為
"Fondation Sen-Wo-Lee"，用中法兩國文字刻之。
先生之名將在世界文明中心法京巴黎各國人士耳目間永恒流芳
不朽，而炳烈亦得托
庇，實現其一年來慘淡經營，在腦海中構成之樓閣，其名亦賴以
傳揚不朽，炳烈幸甚，祖國幸甚。臨穎神馳，不勝悚惶急切
待
命之至。肅此叩請
鈞安
法國國授建築師 虞炳烈 叩 于巴黎 [illegible]

附呈：[illegible]

虞炳烈手稿

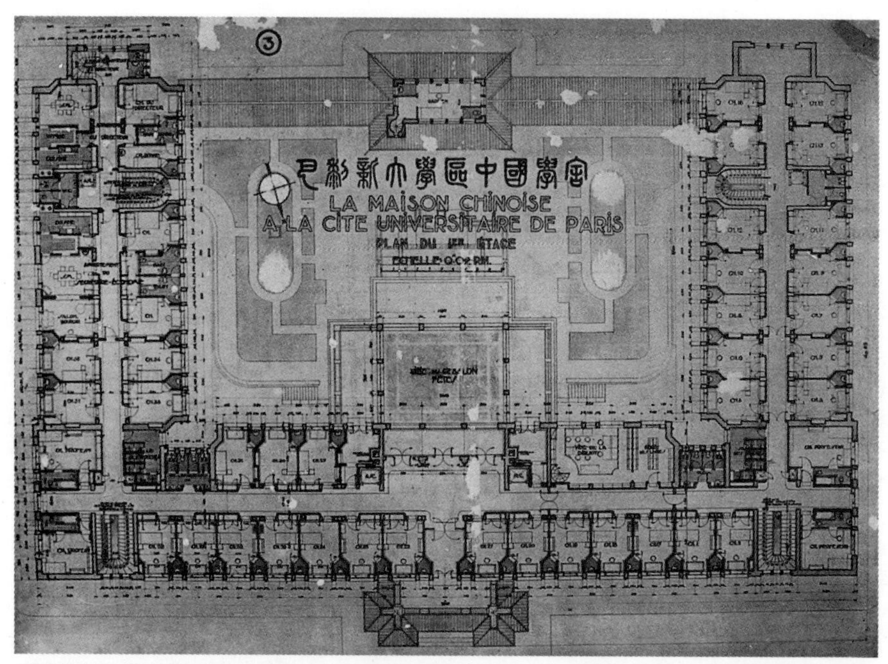

虞炳烈所作的“巴黎新大学区中国学舍”设计方案平面图

虞炳烈所作的“巴黎新大学区中国学舍”设计方案立面图

梁思成致东北大学建筑系第一班毕业生信

(1932年7月)

诸君！我在北平接到童先生[1]和你们的信，知道你们就要毕业了。童先生叫我到上海来参与你们毕业典礼，不用说，我是十分愿意来的，但是实际上怕办不到，所以写几句话，强当我自己到了。聊以表示我对童先生和你们盛意的感谢，并为你们道喜！

在你们毕业的时候，我心中的感想正合俗语所谓“悲喜交集”四个字，不用说，你们已知道我“悲”的什么，“喜”的什么，不必再加解释了。

回想四年前，差不多正是这几天，我在西班牙京城，忽然接到一封电报，正是高惜冰先生发的，叫我回来组织东北大学的建筑系，我那时还没有预备回来，但是往返电商几次，到底回来了，我在八月中由西伯利亚回国，路过沈阳，与高院长一度磋商，将我在欧洲归途上拟好的草案讨论之后，就决定了建筑系的组织和课程。

我还记得上了头一课以后，有许多同学，有似青天霹雳如梦初醒，只知道什么是“建筑”。有几位一听要“画图”，马上就溜之大吉，有几位因为“夜工”难做，慢慢的转了别系，剩下几位有兴趣而辛苦耐劳的，就是你们几位。

我还记得你们头一张Wash Plate，头一题图案，那是我们“筚路蓝缕，以启山林”的时代，多么有趣，多么辛苦，那时我的心情，正如看见一个小弟弟刚学会走路，在旁边扶持他，保护他，引导他，鼓励他，惟恐不周密。

后来林先生[2]来了，我们一同看护小弟弟，过了他们的襁褓时期，那是我们的第一年。

以后陈先生[3]，童先生和蔡先生[4]相继都来了，小弟弟一天一天长大了，我们的建筑系只算发育到青年时期，你们已由二年级而三年级，而在这几年内，建筑系已无形中形成了我们独有的一种Tradition，在东北大学成为最健全，最用功，最和谐的一系。

去年六月底，建筑系已上了轨道，童先生到校也已一年，他在学问上和行政上的能力，都比我高出十倍，又因营造学社方面早有默约，所以我忍痛离开了东北，离开了我那快要成年的兄弟，正想再等一年，便可看他们出来到社会上做一份子健全的国民，岂料不久竟来了蛮暴的强盗，使我们国破家亡，弦歌中辍！幸而这时有一线曙光，就是在童先生领导之下，暂立偏安之局，虽在国难期中，得以赓续工作，这时我要跟着诸位一同向童先生致谢的。

现在你们毕业了，毕业二字的意义，很是深长，美国大学不叫毕业，而叫“始业”Commencement，这句话你们也许已听了多遍，不必我再来解释，但是事实还是你们“始业”了，所以不得不郑重的提出一下。

你们的业是什么，你们的业就是建设师的业，建设师的业是什么，直接的说是建筑物之创造，为社会解决衣食住三者中住的问题，间接的说，是文化的记录者，是历史之反照镜，所以你们的问题是十分的繁难，你们的责任是十分的重大。

此信发表于《中国建筑》杂志创刊号，1932年11月出版。

梁思成(1901～1972)广东省新会人。建筑学家。1901年生于日本东京，1972年在北京逝世。1923年清华学校毕业，1927年获美国宾夕法尼亚大学建筑硕士学位。1928年回国后任东北大学建筑系主任，1931～1945年任中国营造学社法式部主任，1946年创办清华大学建筑系并任教授，系主任至逝世。1948年当选为中央研究院院士，1955年当选为中国科学院技术科学部学部委员。主要著作有：4卷《梁思成文集》、《中国建筑史》、《清式营造则例》、《营造法式注释》、英文版《图像中国建筑史》等。

在今日的中国，社会上一般的人，对于“建筑”是什么，大半没有什么了解，多以“工程”二字把他包括起来，稍有见识的，把他当土木一类，稍不清楚的，以为建筑工程与机械，电工等等都是一样，以机械电工问题求我解决的已有多起，以建筑问题，求电气工程师解决的，也时有所闻。所以你们“始业”之后，除去你们创造方面，四年来已受了深切的训练，不必多说外，在对于社会上所负的责任，头一样便是使他们知道甚么是“建筑”，甚么是“建筑师”。

现在对于“建筑”稍有认识，能将他与其他工程认识出来的，固已不多，即有几位其中仍有一部分对于建筑，有种种误解，不是以为建筑是“砖头瓦块”(土木)，就以为是“雕梁画栋”(纯美术)，而不知建筑之真义，乃在求其合用，坚固，美。前二者能圆满解决，后者自然产生，这几句话我已说了几百遍，你们大概早已听厌了。但我在这机会，还要把他郑重的提出，希望你们永远记着，认清你的建筑是什么，并且对于社会，负有指导的责任，使他们对于建筑也有清晰的认识。

因为甚么要社会认识建筑呢，因建筑的三原素中，首重合用、建筑的合用与否。与人民生活和健康，工商业的生产率，都有直接关系的，因建筑的不合宜，足以增加人民的死亡病痛，足以增加工商业的损失，影响重大，所以唤醒国人，保护他们的生命，增加他们的生产，是我们的义务，在平时社会状况之下，固已极为重要，在现在国难期中，尤为要紧，而社会对此，还毫不知道，所以是你们的责任，把他们唤醒。

为求得到合用和坚固的建筑，所以要有专门人材，这种专门人材，就是建筑师，就是你们！但是社会对于你们，还不认识呢，有许多人问我包了几处工程。或叫我承揽包工，他们不知道我们是包工的监督者，是业主的代表人，是业主的顾问，是业主权利之保障者，如诉讼中的律师或治病的医生，常常他们误认我们为诉讼的对方，或药铺的掌柜——认你为木厂老板，是一件极大的错误，这是你们所必须为他们矫正的误解。

非得社会对于建筑和建筑师有了认识，建筑不会得到最高的发达。所以你们负有宣传的使命，对于社会有指导的义务，为你们的事业，先要为自己开路，为社会破除误解，然后才能有真正的建设，然后才能发挥你们创造的能力。

你们创造力产生的结果是什么，当然是“建筑”，不只是建筑，我们换一句说话，可以说是“文化的记录”——是历史，这又是我从前对你们屡次说厌了的话，又提起来，你们又要笑我说来说去都是这几句话，但是我还是要你们记着，尤其是我在建筑史研究者的立场上，觉得这一点是很重要的，几百年后，你我或如转了几次轮迴，你我的作品，也许还供后人对民国二十一年中国情形研究的资料，如同我们现在研究希腊罗马汉魏隋唐遗物一样。但是我并不能因此而告诉你们如何制造历史，因而有所拘束顾忌，不过古代建筑家不知道他们自己地位的重要，而我们对自己的地位，却有这样一种自觉，也是很重要的。

我以上说的许多话，都是理论，而建筑这东西，并不如其他艺术，可以空谈玄理解决的，他与人生有密切的关系，处处与实用并行，不能相离脱，讲堂上的问题，我们无论如何使它与实际问题相似，但到底只是假的，与真的事实不能完全相同，如款项之限制，业主气味之不同，气候，地质，材料之影响，工人技术之高下，各城市法律之限制……等等问题，都不是在学校里所学得到的，必须在社会上服务，经过相当的岁月，得了相当的经验，你们的教育才算完成，所以现在也可以说，是你们理论教育完毕，实际经验开始的时候。

要得实际经验，自然要为已有经验的建筑师服务，可以得着在学校所不能得的许多教益，而在中国与青年建筑师以学习的机会的地方，莫如上海，上海正在要作复兴计划的时候，你们来到上海来，也可以说是一种凑巧的缘分，塞翁失马，犹之你们被迫而到上海来，与你们前途，实有很多好处的。

现在你们毕业了，你们是东北大学第一班建筑学生，是“国产”建筑师的始祖，如一只新船行下水典礼，你们的责任是何等重要，你们的前程是何等的远大！林先生与我两人，在此一同为你们道喜，遥祝你们努力，为中国建筑开一个新纪元！

梁思成

民国二十一年七月

林洙注释

[1] 童先生即童寯

[2] 林先生即林徽音(因)

[3] 陈先生即陈植

[4] 蔡先生即蔡方荫

为便于读者了解东北大学建筑系，现将1932年童寯撰写的《东北大学建筑系小史》一文抄录（包括标点符号在内未作任何更动）如下。

沈阳东北大学建筑系创设于民国十七年秋。属于工学院。时高惜冰君为工学院院长。值梁思成君及夫人林徽音女士自美归来。高君邀主建筑系。一切开始任务。招生仅十余人。梁君夫妇惨澹经营。所有设备。悉仿美国费城本雪文尼亚大学[1]建筑科。翌年添招一年级新生十余人。时陈植君回国。又被邀请赴沈襄助一切。学生成绩斐然可观。继而高院长离校。理工院长孙献廷于建筑系之发展。仍与梁君朝夕筹划。十九年又收新生一级。由美电请鄙人归沈。时图书照片模型等。几已应有尽有。唯屡因学校行政变迁。建筑系之扩充计划。不获实现。二十年春陈植君赴沪经营建筑师业务。同年夏。梁君因北平营造学社急待整理。暂时离校。

秋季开学未久。即逢九一八之惨变。师生相继避乱北平。筹谋复课事。数月未成。冬季鄙人抵沪。至此。复课之事。始有定议。理工部分。以缺乏设备。势须在他校借读。由鄙人召集建筑系三四年级学生来沪。由陈植君向大夏大学磋商。蒙欧元怀校长允许借读。到毕业时，仍发东北大学证书。所有教授。纯尽业务[2]。学生费用由东北大学按月补助。课程视前略有增减。授图案者为陈植君及鄙人。授工程者有江元仁君及郑翰西君。营业规例合同估价诸课。由赵深君担任。四年级生九人，已于今夏九月底毕业。三年级生七人。明年七月底毕业。旧有学生成绩。经去夏梁君思成制版。拟刊印成册。未果而变起。兹于本期刊学生图案数张。以后继续按期刊登焉。

[1] 今译宾夕法尼亚大学。

[2] 疑为纯尽义务。

梁思成致梅贻琦信

(1945年3月9日)

月涵我师[1]:

母校工学院[2]成立以来，已十余载，而建筑学始终未列于教程。国内大学之有建筑系者，现仅中大、重大[3]两校而已。然而居室为人类生活中最基本需要之一，其创始与人类文化同古远，无论在任何环境之下，人类不可无居室。居室与民生息息相关，小之影响个人身心之健康，大之关系作业之效率，社会之安宁与安全。数千年来，人类生活程度随文化之进展而逐渐提高，营造技术亦随之演变。最近十年间，欧美生活方式又臻更高度之专门化、组织化、机械化。今后之居室将成为一种居住用之机械，整个城市将成为一个有组织之Working mechanism，此将来营建方面不可避免之趋向也。我国虽为落后国家，一般人民生活方式虽尚在中古阶段，然而战后之迅速工业化，殆为必由之径，生活程度随之提高，亦为必然之结果，不可不预为准备，为适应此新时代之需要也。

然而我国社会，虽所谓智识阶级，对于居室之重要性且素乏认识，甚至不知建筑与土木工程之别者。殊不知建筑与土木工程虽均以相类似之物料为其工作medium，但其所解决问题之本身则相去甚远。建筑所解决者为居住者生活方式所发生之问题，自个人私生活之习惯，家庭之组织，以至团体或机关组织办事之方式，以至一工厂生产之程序，皆需要不同之建筑布署，以适应各个不同之用途。而土木工程所解决者，则较为间接，如公路、铁路、水利等等问题是也。

抑近代生活方式所影响者非仅一个，或数个一组之建筑物而已，由万千个建筑物合组而成之近代都市已成为一个有机性之大组织。都市设计已非如昔日之为开辟街道问题或清除贫民窟问题(社会主义之苏联认为都市设计之目的在促成最高之生产量；英美学者则以为在使市民得到身心上最高度之愉乐与安适。)其目的乃在求此大组织中每部分每项工作之各得其所，实为一社会经济政治问题之全盘合理布署，而都市中一切建置之合理布署实为使近代生活可能之物体基础。在原则上一座建筑物之设计与多数建筑物之设计并无区别。故都市设计，实即建筑设计之扩大，实二而一者也。

抗战军兴以还，各地城市摧毁已甚，将来盟军登陆，国军反攻之时，且将有更猛烈之破坏，战区城市将尽成废墟，及失地收复之后，立即有复兴焦土之艰巨工作随之而至；由光明方面着眼，此实改善我国都市之绝好机会。举凡住宅、分区、交通、防空等等问题，皆可予以通盘筹划，预为百年大计，其影响于国计民生者巨，而工作亦非短期所能完成者。英苏等国，战争初发，战争破坏方始，即已着手战后复兴计划。反观我国，不惟计划全无，且人才尤为缺少。而我国情形，更因正在工业化之程序中，社会经济环境变动剧烈，乃至在技术及建筑材料方面，亦均具有其所独有之问题。工作艰巨，倍蓰英苏，所需人才，当以万计。古谚虽诫"毋临渴而掘井"，but it's better late than never。为适应此急需计，我国各大学实宜早日添授建筑课程，为国家造就建设人才，今后数十年间，全国人民居室及都市之改进，生活水准之提高，实有待于此辈人才之养成也。即是之故，受业认为母校有立即添设建筑系之必要。

在课程方面，生以为国内数大学现在所用教学方法(即英美曾沿用数十年之法国Ecole des Beaux-Arts式之教学法)颇嫌陈旧，遇于着重派型式，不近实际。今后课程宜参照德国Prof.Walter Gropius所创之Bauhaus方法，着重于实际方面，以工程地为实习场，设计与实施并重，以养成富有创造力之实用人才。德国自纳粹专政以还，Gropius教授即避居美国，任教于哈佛，哈佛建筑学院课程，即按G．教授

梅贻琦，时任清华大学校长。

Bauhaus方法改编者，为现代美国建筑学教育之最前进者，良足供我借鉴。

在组织方面，哈佛、麻工、哥仑比亚等均有独立之建筑学院，内分建筑系、建筑工程、都市计划、庭园、户内装饰等系。为适应将来广大之需求，建筑学院之设立固有其必要。然在目前情形之下，不如先在工学院添设建筑系之为妥。建筑系设备简单，创立较易，其中若干课门，如基本理化及数学力学等，因无须另行添设课程，即关于土木工程方面者，亦可与土木系共同上课；其须另行添聘者仅建筑设计及绘塑艺术史等课教员；在设备方面，目前仅须购置书籍及少数绘画用石膏模型即可，在工学院中，实最轻而易举。为此建议母校于最近之可能期间，筹设建筑学系，其建筑设计学教授则宜延聘现在执业富于创造力之建筑师充任，以期校中课程与实际建筑情形经常保持接触。一俟战事结束，即宜酌量情形，成立建筑学院，逐渐分添建筑工程，都市计划，庭园计划，户内装饰等系。营国筑室，古代尚设专官；使民安居，然后可以乐业，为解决将来之营国筑室问题计，专门建筑人材之养成实目前亟须注意之一大问题。此项责任，我母校实应挺出负担，责无旁贷。受业忝受校恩，爱护母校，今既有感于中，敢不冒昧直陈，敬乞予以考虑[4]，幸甚!幸甚!耑肃敬请

道安　　　　受业

梁思成 谨肃

三十四年三月九日

林洙注释

[1]月涵即梅贻琦，1915～1948年任清华大学校长。

[2]清华大学工学院成立于1932年。初始，由梅贻琦兼任院长，1933年由顾毓秀任院长至抗日战争。后由施嘉炀接任，直至解放后调整院系时才撤消工学院。

[3]中大，即中央大学，现为东南大学。重大即重庆大学。院系调整后建筑系、土木系并入重庆建工学院，现为重庆建筑大学。

[4]梅贻琦校长采纳了梁思成的建议，并于1946年建立清华大学营建系，任命梁思成为系主任。

月涵我师：

母校工学院成立以来，已十余载，而建築学始终未列於教程。國内大学之有建築系者，現僅中大、重大兩校而已。然而居室为人類生活中最基本需要之一，其創始与人類文化同古遠，無論在任何環境之下，人類不可無居室。居室与民生息息相關，小之影響個人身心之健康，大之關係作業之效率，社會之安寧与安全。數千年来，人類生活程度隨文化之進展而逐漸提高，營造技術亦隨之演變。最近十餘年间，歐美生活方式又臻更高度之專門化、組織化、機械化。今後之居室將成为一種居住用之機械，整個城市將成为一個有組織之working mechanism，此將来營

中國營造學社

梁思成致童寯信

(1949 年 6 月)

老童:

恭喜你们也解放了。现在虽然稍迟了几天，但我仍以“老区”的资格来向你致贺。清华比北平城早获解放一个月，从解放的第一天起，解放军的纪律就给了我们极深的印象。接着与中共方面的种种接触，看见他们虚怀若谷，实事求是的精神，耳闻目见，无不使我们心悦诚服而兴奋。中国这次真的革命成功了。中共政策才能把腐败的中国从半封建半殖民地的状况里拯救出来。前途满是光明。这不是jargon[1]，而是真诚老实的话。南京解放后，想你们必也同感。

现在北方已安定下来，并且已展开了建设工作。北平是新中国的首都，以后需要大量的建筑师，并且需要训练大量的新建筑师。我企盼你早早的北来，华盖[2]可在平设一分事务所，先立下基础。从清华及我个人的立场说，我恳求你实践我们在重庆的口约，回来提携母校的后进。我已对学生说了多少次你早已答应过来清华，他们都在切盼。清华建筑系的师资太缺乏了，你若肯来，可以给我们无量的鼓励。因此双重原因，我恳切的求你毅然离开南京，来为母校养育后辈。我知中大也需要你，但在宁沪的建筑师多，总可找个替身；而清华之需要老兄，却是迫切之至。

北来旅程的一切，政府都能为你准备，企盼早日赐覆。即颂双福。

弟

思成 恳切拜上

徽因 附候

林洙注释

[1]jargon原意为难懂的话，此处意并非奢谈，而是真诚老实的话。

[2]华盖系指赵深、陈植、童寯三人合办的华盖建筑师事务所。

童寯(1900～1983)辽宁沈阳人。建筑学家。1925年清华学校毕业后留学美国，1928年获美国宾夕法尼亚大学硕士学位。1930～1931年任东北大学建筑系教授，1931年加入赵深、陈植合办的建筑设计事务所，1933年改称华盖建筑设计事务所，直至1952年。1944年起兼任中央大学建筑系教授，1949年以后任南京工学院建筑系教授、建筑研究所副所长，直至病逝。主要著作有：《江南园林志》、《中国园林》、《造园史纲》、《近百年西方建筑史》等。主要设计作品有：南京首都饭店、南京下关电厂、南京中山文化教育馆等。

梁思成致聂荣臻信

(1949年9月19日)

荣臻将军市长:

北平都市计划委员会成立之初，我很荣幸地被聘，忝为委员之一，我就决心尽其棉力，为建设北平而服务。现在你继叶前市长之后，出来领导我们，恕我不忖冒昧，在欢欣拥戴之热情下，向我的市长兼主任委员略陈管见。

都市计划委员会最重要的任务是在有计划的分配全市区土地的使用，其次乃以有系统的道路网将市区各部分联贯起来，其余一切工作，都是这两个大前题下的部分细节而已。

在都市计划委员会成立以后，各方面都能与该会合作，来建立一个有秩序有计划的，而不是混乱无计划的新首都，所以有新的兴建，或拟划用土地时，都事先征询市划会的意见。大者如人民日报社新厦的地址问题，小者如西郊新市区小小一个汽油库的地址问题，都尊重市划会的意见，是极可钦佩的表现。近来听说有若干机关，对于这一个主要原则或尚不明了，或尚不知有这应经过的步骤，竟未先征询市划会的同意，就先请得上级的批准，随意地兴建起来。这种办法若继续下去，在极短的期间内，北平的建筑工作即将呈现混乱状态，即将铸成难以矫正的错误。欧美许多城市，在十九世纪后半工业骤然发达的期间，就因这种疏忽，形成极大的错误，致使工业侵入住宅区，工业不能扩展，住宅不得安宁，交通拥塞，以及其他种种混乱状态，使工作效率减低，人民健康受害，车祸频仍，全局酿成人力物力、时间效率上庞大不堪设想的损失。例如伦敦、纽约两市，就计划以五十年的长时间和数不清的人力物力来矫正这错误。追究其源始，也不过最初一处一处随时随地无计划的兴建累积起来的结果。

我们人民的首都在开始建设的时候必须“慎始”。在“都市计划法规”未颁布之先，我恳求你以市长兼市划会主委的名义布告所有各级公私机关团体和私人，除了重修重建的建筑外，凡是新的建筑，尤其是现有空地上新建的建筑，无论大小久暂，必须事先征询市划会的意见，然后开始设计制图。这是市划会最主要任务之一，(虽然部分是消极性的)若连这一点都办不到，市划会就等于虚设，根本没有存在的价值了。

另外一点，与都市计划有不可分划的关系的，就是如何罗致建筑设计人才来北平的问题。朱总司令对于北平建设非常关切，不久以前，他曾垂询我关于建设的计划，并嘱咐我协助公营建筑公司之设立，嘱咐我尽力罗致专材，他是很明白地认识我们需要建筑师之迫切的。

胜利以后，北平建筑师极少，偶有建筑，大多由营造厂商或土木工程师设计，造成极可惋惜的极低水准，假使都市总计划很完善而各个建筑物不好，则都市计划也是徒然的。所以即将成立的公营建筑公司的设计工作，必须由在国内或国外曾有专门训练及研究，在国内又有建造的经验，为同业所称誉者来领导，集体合作，就是干部人才也必须是学建筑成绩优良的毕业生。

最重要的是我们必须将建筑师与土木工程师及承包施工的营造厂商的不同的任务区别清楚。这是一向为一般人所不甚明白的。土木工程师是从事于铁路、公路、水利、桥梁等等工程的设计的，在房屋结构方面，他的知识只限于土木材料之计算及使用。建筑师除了具备土木工程师所有的房屋结构知识外，在训练上他还受了四年乃至五年严格的课程，以解决人的生活需要为目的。他的任务在运用最小量的材料和地皮，以取得最适用，最合理，最大限度的有用空间，和最美观(就是朴实庄严，不是粉饰雕琢之意)的外表。建筑师是以取得最经济的用材和最高的使用效率，以及居住者在内中工作时的身心康健为目的的。近年来国际上对这种训练越加重视，建筑师所注意努力的各点越同土木工程师的范围分开，如室内的光线、音响、空气、阳光，户外通行的秩序，树木道路同人的健康的密切关系。现代在建筑技术上各种科学的研究不一而足，这都是建筑师的专责。

现在北平已开始建设，希望政府首先了解建筑师与土木工程师的区别，并用各种方法鼓励建筑师北来，并与土木工程师合作，以取得最经济，最适用，最高效率，最美观的建筑，以免因建筑物设计之不当，无形中浪费了国家人民的人力物力，有形中损毁了市容。建筑物建造之后，假使有了错误，是不能任意拆改，是数十年乃至数百年难以矫正的，所以我呼吁我们必须“慎始”。

我因朱总司令的关怀，又受曹言行局长[1]的催促，由沪宁一带很费力的找来了二十几位青年建筑师。此外在各部门做领导工作的，也找来了几位，有拟聘的建筑公司总建筑师吴景祥先生[2]，拟聘的建设局企划处处长陈占祥[3]先生，总企划师黄作燊先生[4]，以及自由职业的建筑师赵深先生[5]等。各人在建筑学上都是有名誉的人才。陈占祥先生在英国随名师研究都市计划学，这在中国是极少有的。在开办之初，政府必须确定他们可以在技术上发展他们的才能、不受过去以营造厂商而兼“打图样”者的阻碍，才有办法。我所介绍来的几位建筑师对于这点最感疑，来后都因没有确定机构及工作地址，也不明了工作性质范围，也没有机会与各有关方面交换意见，一切均极渺茫着困惑的感觉。我诚恳的希望，关于这一点，各机关的直接领导者和上级能认识清楚，给他们一点鼓励和保证。

此外还有一些枝节的小问题：如受政府聘请北来人员，人地生疏，带着眷属，困于居住的问题。北来旅费及参考书籍的运费等，亦使他们为难。事情虽小，但在个别的每人来平之前，总要我为他们打听情形，看来我们总应该有个原则上的决定。

我因为对于整个北平建设以及其对于今后数十百年影响之极度关心，所以冒昧陈辞，拉杂写来，聊备参考。琐琐奉陈，务乞宥谅。专此即致

崇高的敬礼。

梁思成 敬上

1949年9月19日

林洙注释

[1]曹言行（1909～1984），1949年北平解放时，接管北平市工务局任局长，1950年后任北京市建设局局长兼北京市计划委员会副主任，北京市委规划领导小组成员，1953年后曾任国家计委、国家建委城建局局长、驻越南经济代表、外经部办公厅主任等职。

[2]吴景祥（1905～1999），1923年毕业于清华学校，后赴法国留学，毕业于法国巴黎美术学院。回国后长期在上海海关总署领导土建工程方面工作，建国后在同济大学任教授。

[3]陈占祥（1916～ ），40年代曾在英国利物浦大学建筑系获城市规专业硕士学位又读伦敦大学城市规划专业博士。回国后，任南京内政部营造司简派正工程师。1949年应梁思成之邀到北京市都市计划委员会任企划处处长，后又任北京市建筑设计院副总建筑师。

[4]黄作燊（1915～1976），1938年就读于英国伦敦大学建筑系，1942年毕业于美国哈佛大学，同年回国任上海圣约翰大学建筑系主任，1952年院系调整后任上海同济大学建筑系主任。

[5]赵深（1898～1978），1919年毕业于清华学校，1923年 获美国宾夕法尼亚大学建筑系硕士学位。1933年与陈植、童寯 在上海合组华盖建筑师事务所，建国后任华东建筑设计公司总工程师、华东建筑设计院总工程师等，历任中国建筑学会第二、三、四届副理事长。

荣臻将军市长：

北平都市计划委员会成立之初，我很荣幸地被聘，忝为委员之一，我能决心尽其棉力，为建设北平而服务。现在你继叶前市长之后，出来领导我们，恕我不忖冒昧，在欢欣拥戴之热情下向我的市长兼主任委员略陈管见。

都市计划委员会最重要的任务是在有计划的分配全市区土地的使用，其次乃以有系统的

清5.(36.10.120.000)

数十百年影响之极度关心，所以冒昧陈辞，拉杂写来，聊备参考。琐琐奉陈，务乞宥谅。专此即致

崇高的敬礼。

梁思成敬上

一九四九、九、十九、

清5.(37.8.70000)

梁思成致朱德信

(1950年4月5日)

总司令:

在半年多以前，有一次在勤政殿蒙您召谈建筑和都市计划问题，深感您对于今后建筑发展的关怀，屡次希望再得亲聆教诲而苦不得机会，特意求见又恐过于唐突，徒然耗费您宝贵的时间。

在过去这一年中，我曾协助中直修建处各种建筑设计，但所直接负责的部分都比较简单，没有什么原则上的困难问题发生。最近在中南海内所拟建且即将动工的宿舍楼房，却有一些原则上的问题，现在必须考虑到的。听范离[1]同志说，宿舍楼房的设计，在平面的分配上，几经修改，才决定了现在的图样，您都亲自指示要最简朴，切合实用，严格防避浪费，强调规格化的结构，外表朴实，切合实用，门窗格式划一，以节省造工，时间及金钱。现在本此原则，全部三座楼房的平面图已经决定，图样亦蒙采用。我们因得到总司令的关怀和正确的领导，全体工作的人[2]都十分兴奋，加倍努力。听说您对于建筑物外表样式还没有十分明确的指示，我却觉得一些原则上的问题，应该在此提出，求您予以考虑。

我们很高兴共同纲领为我们指出了今后工作的正确方向：今后中国的建筑必须是“民族的，科学的，大众的”建筑；而“民族的”则必须发扬我们数千年传统的优点。回顾自十九世纪后半以来，中国的建筑已充分地表现了其半殖民地性格。就以北京来说；邮政局和司法部是法国后期文艺复兴式，北京饭店是意大利文艺复兴式，旧国会和外交部是德国文艺复兴式，还有许多沦陷期间的日本近代式，以及到处可见无数不伦不类的“洋式”门面店铺。它们都是民族文化史中可悲可耻的象征。一直到今天，还有许多留学的建筑师和他们在国内传授的弟子们仍然在继续将他们留学国的外国形式生吞活剥的移植到中国来。二十余年来，我在参加中国营造学社的研究工作中，同若干位建筑师曾经在国内作过普遍的调查。在很困难情形下，在日本帝国主义侵略以前的华北、东南及抗战期间的西南，走了十五省，二百余县，测量，摄影，分析，研究过的汉、唐以来建筑文物及观察各处城乡民居和传统的都市计划二千余单位，其目的就在寻求实现一种，“民族的，科学的，大众的”建筑的途径。

以往的建筑是为少数人的享乐的，今天是为人民；以往是半殖民地的，今后应是民族的，我们只采取西方技术的优点，而不盲从其形式。所以在建筑创造的原则方面，也是与政治配合的，是反帝，反封建，反官僚资本的。其他就都是技术上处理问题。

这次我所试拟的中南海几座宿舍形式，虽不算成熟，但自信还没有什么大错误。在多层砖造的楼房上处理各层并列的窗子，以适合现代生活需要和技术，在中国建筑传统中是没有现成的例子的。所以这部分必须创造中国传统的新格式。在试拟的图样中，因为每部分都遵循中国的比例——如门窗避免西洋系统的窄长的长方形而采用中国近似方形的比例，强调横着排列的方式——都还能表现中国的风格，至少还老实安静，不是西式的翻本。并且在表现此风格的程序中，在结构技术上是完全忠实于这项工程之为砖造的事实的，没有丝毫勉强或做假之处。

每一时代的建筑总是会反映出当时的社会，政治，经济，文化的情形的，这几座楼的本身是我们这时代社会的产物：用砖而不用钢架或石料就表现我们现时的经济力量；在文化方面有自觉的反半殖民地时代的西式翻本样式，努力恢复民族原有的优美成分（小的如瓦顶，屋檐，廊子、花台，大门，挂灯等，大的如整体的比例，墙面的处理，门窗的安排等），就都表现革命的精神和在旧基础上创造新生命的力量。在现阶段中，我们每一次的尝试可能都不很成熟，有很多缺点，但这条我们总要开始走的路，方向是对的。现在就有许多建筑师们在战战兢兢的希望向着这条路努力进行。

中南海中这几座建筑无疑的将成为中国建筑史中重要的一页，它们在目前更有示范作用。在中国建筑系统中多层楼既是一种新的创造，所以特别需要慎重地在式样上有个原则的决定。并且在北京的故宫、三海建筑群中，它们将成为不可分离的构成分子，我们对它的设计更要努力，使它同旧传统接近。例如除平顶部分之外，若有瓦顶部分，我们似乎都应尽可能的用北京式样的瓦顶构造而不应用西式系统中任何瓦顶。这次图中骤看似乎是点缀的瓦顶，其实还是忠于原来的设计的[3]。因为这部分既然特别高出一点，就不必用平顶；有此小部分的瓦顶，能多出很多民族风格趣味，在中南海中是很自然的。这次设计图经过我同几位同志[4]共同努力。如此设计的理由另有详细说明，另纸随图附呈。

我很想恳求您在百忙中给我一点时间，允许我面谒请示，如有问题垂询，我极希望有机会直接一一报告。如蒙您允许，请指定时间，嘱范离同志转告我，或直电清华大学（四局2736至2739，分机32号），当即进城趋谒。

此致

最崇高的敬礼。

梁思成

一九五0年四月五日

林洙注释

[1]范离时任中共中央修建办事处主任

[2]当时参加中南海工程的人，有郑孝燮，汪国瑜、殷之书、王明之、纪玉堂等人。

[3]当时北京传统民房屋顶做法为仰瓦及伏瓦，仰瓦即一薄片两边起翘，伏瓦为小筒瓦，伏在仰瓦上。

[4]即郑孝燮、 汪国瑜等人

用西式系统中任何瓦顶。这次图中骤看似乎是点缀的瓦顶，其实还是忠于原来的设计的。因为这部分既然特别高出一点，就不必用平顶；有此小部分的瓦顶，能多出很多民族风格趣味，在中南海中是很自然的。这次设计图经过我同几位同志共同努力。如此设计的理由另有详细说明，另纸随图附呈。

我很想恳求您在百忙中给我一点时间，允许我面谒请示，如有问题垂询，我极希望有机会直接一一报告。如蒙您允许，请指定时间，嘱范离同志转告我，或直电清华大学（四局2736至2739，分机32号），当即进城趋谒。此致

最崇高的敬礼。

梁思成。

一九五〇年四月五日

梁思成致周恩来信

(1950年4月10日)

恩来先生总理:

在您由苏联回国后不久的时候，我曾经由北京市人民政府转上我和陈占祥两人对于中央人民政府行政中心区位置的建议书[1]一件，不知您在百忙之中能否抽出一点时间，赐予阅读一下?

在那建议书中，我们请求政府早日决定行政中心区的位置。行政中心区位置的决定是北京整个都市计划的先决条件；它不先决定，一切计划无由进行。而同时在北京许多机关和企业都在急着择地建造房屋，因而产生两种现象：一种是因都市计划未定，将建筑计划之进行延置，以等待适当地址之决定。一种是急不能待的建造，就不顾都市计划而各行其事的：这一种在将来整个的北京市中，可能位置在极不适当的位置上，因而不利于本身的业务，同时妨碍全市的分配与发展，陷全市于凌乱。尚未经政务院批准而已先行办公的都市计划委员会现在已受到不少次的催促和责难，例如人民日报新华印刷厂和许多面粉厂，砖窑等，都感到地址无法决定之困难。因此我们深深感到行政中心区位置之决定是刻不容缓的(这只是指位置要先决定，并不是说要立刻建造)。

我很希望政府能早点作一决定。我们的建议书已有一百余份送给中央人民政府，北京市委会和北京市人民政府的各位首长。我恳求您给我一点时间，给我机会向您作一个报告，并聆指示。除建议书外，我还绘制了十几张图作较扼要的解释，届时当面陈。如将来须开会决定，我也愿得您允许我在开会时列席。

总之，北京目前正在发展的建设工作都因为行政中心区位置之未决定而受到影响，所以其决定已到了不能再延缓的时候了。因此不揣冒昧，作此请求，如蒙面谈，请指定时间，当即趋谒。

此致

崇高的敬礼!

梁思成

1950年4月10日

赐示请寄清华大学，电话四局2736至2739分机32号

杨永生注释

[1]此建议书可参见《梁思成文集》第4卷，1986年中国建筑工业出版社出版。

恩来先生總理：

在您由蘇联回國後不久的時候，我曾經由北京市人民政府轉上我和陳占祥兩人對於中央人民政府行政中心區位置的建議書一件，不知您在百忙之中能否抽出一點時間，賜予閱讀一下？

在那建議書中，我們請求政府早日決定行政中心區的位置。行政中心區位置的決定是北京整個都市計劃的先決條件；它不先決定，一切計劃無由進行。而同時在北京許多機關和企業都在急着擇地建造房屋，因而產生兩種現象：一種是因都市計劃未定，將建築計劃之進行延置，以等

梁思成致彭真、聂荣臻、吴晗、张友渔、薛子正信

(1950年10月27日)

彭真同志、聂市长、吴、张副市长、薛秘书长:

十月初薛秘书长嘱我在十五日以前提供一些关于都划会工作的意见，因为病后执笔不便，以至未能及时写出，至以为歉。最近吴副市长两次来谈，我对于领导方面所提意见完全同意。现在再按我所了解，和个人补充的意见综述如下:

(一)机构健全化。a.委员会改组，充实人选；最好能增聘政务院代表一人(如房屋统筹委员会主任)为委员，为它与中央间的联系。b.常委会改组，增聘与市政建设有关的各局长为常务，定期举行会议。c.最好能取得中央与市府的双重领导，以取得与中央和与各局间密切联系合作。d.设立一个设计委员会，研讨重要建设的设计大纲，交企划处设计。

(二)任务、方针明确化。a.都划会必须成为一个有实权的决策机构。b.因此，建设局、卫生工程局、法管局、地政局、郊委会(部分工作)、公园管委会，坛庙管委会，市管的各企业公司和建筑公司等单位的代表都是组成本会的骨干，共同会商建设方针，通过本会集中领导各单位中一切有关本市建设计划的工作。c.无论中央或地方的公家或私人建筑，在地址之选择上及有关市容的建筑样式上，都必须受本会所组织的各专门部门的审核。凡是中央或地方的建筑所遭遇的困难，都可反映到本会来，以便全面考虑解决问题，不至于头绪纷纭，各行其是。

(三)人选问题：委员会改组时，因钟森先生已不在北大，应加聘北大朱兆雪教授为委员；中直修建处范离同志和清华营建系周卜颐教授应聘为委员。如全部改组另聘，请先将人选名单见示，一同好好商讨一下。现任委员中，林徽因对于都市计划学有深切的认识，且不断的参加企划处技术工作，拟请聘为常务委员，对于本会工作可能有不少的帮助。吴华庆先生在企划处内工作最积极，最有成绩，此次在天安门广场工作中，充分地表现了他的才能，所以推荐他为企划处副处长。

(四)自我检讨：我个人因为能力不够，经验缺乏，加上清华，教学时间没有排好，住在城外交通不便，等等原因，以致对于本会工作多所疏忽，做得很不好，在行政和技术方面都不能适当地处理，发生许多问题，使工作受到阻碍及损失，自己检讨；深为歉愧。今后必努力纠正，尤望诸位不断的领导与批评。待我健康恢复之后，当好好安排时间，每周可在城内住三天为本会工作。此外，因为总建筑师吴景祥不能北来，我愿自兼总建筑师职务，在技术上与企划处诸同志一起细心共同研究，以求作出切合实际的计划来。

(五)我们工作的重点：归根的说，我们最主要的任务是制订计划总图，总图的最主要构成因素是分区，以及各区间的道路系统。现在北京三大基本工作区中之二——高等文教区及工业区——大致已确定；唯有中央政府行政区的方位尚悬而未决，因而使我会大部分工作差不多等于停顿。这一年来，中央各机构与我会接洽的事务，大多是(a)拟用某一块

吴晗时任北京市副市长。

张友渔时任北京市副市长。

薛子正时任北京市政府秘书长。

地，向我们要，或(b)拟建某一座建筑，问我们应建在何处。然而我们因为不知行政区定在那里，不能答复。结果是各机关或不能解决问题，或各行其便，在分散在各处的现址上或兴盖起来，或即将兴盖。若任其如此自流下去，则又造成“建筑事实”，可能与日后所定总计划相抵触，届时或经拆除，或使计划受到严重阻碍，届就已成事实，一切都将是人民的损失。所以我们应该努力求得行政区大体方位之早日决定。

以上是我目前想到的几点不成熟的意见，请赐予考虑。

此致

敬礼

梁思成

一九五〇年十月二十七日

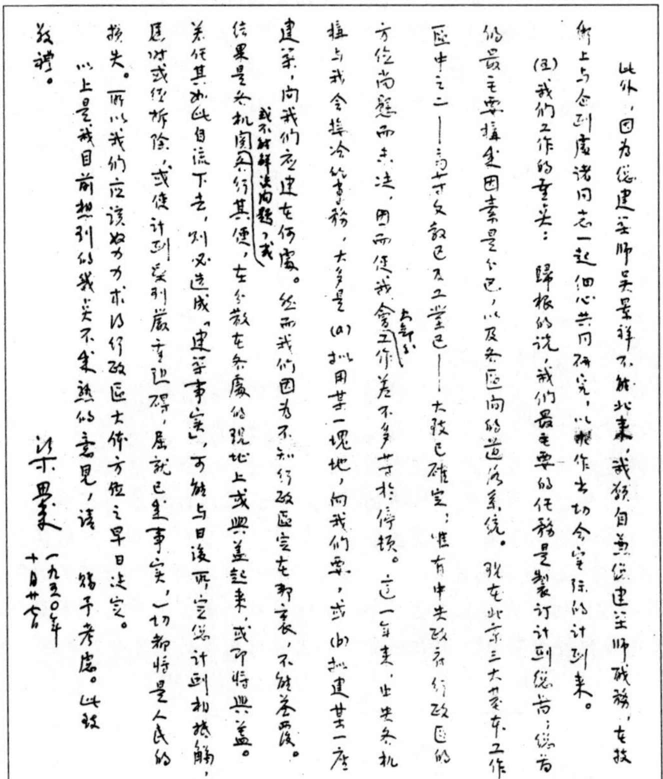

梁思成致周恩来信

(1951年8月15日)

总理:

我深深惭愧自己工作能力既差，去年夏天身体又出了问题，因学习的不好，工作方法常有错误；在协助计划首都市政建设方面，尤其是在计划体形秩序的任务上掌握得极不够。两年来首都的建设工程发展得很混乱，虽说有行政机构在领导，实际上各处工程设计部分零乱分散，都没有组织，各行其是的现象甚为严重。

都市计划工作的目的是使各种建设有计划地互相配合，在平面部署上使人民得到最大的便利，如各种区域和道路系统的合理分配等，而在立体观瞻上，全市又能成为美好和谐的，且是承继优良传统风格的体形，如各类型建筑物的设计和安排。可是当我们刚开始进行调查，搜集资料，以求了解情况的时候，各处兴建工程的浪潮已迫不及待地开始了。我同都划会中有限的几位技术干部摸索了两年，无可讳认地工作做得太不够，也太不好。在总计划图没有完成并获批准以前，我们只能个别地在坚持原则而又照顾迫切需要的复杂情况下勉强拨地作兴工地址。这样就大量的建造，效果是不能令人满意的。有时我们原则性和斗争性不足以应付发展情况，常不得已做了尾巴。调查不够，资料不足，我们所作的决定或考虑大体都只凭主观判断。可痛心的是受损害的总是这可爱的首都。现在我们都多少认识到这样顾此失彼，没有抓紧领导是很大的错误，已发动更多部门一起抓紧总计划的研究(设立总计划专门委员会)。今后除时常自己检讨，再作主观努力，加强加紧外，我们认为还有必要时常对中央领导方面及时报告，反映意见，请求指示，我们才能配合政策，掌握得好一些。

近日来东长安街正要动工的一列大建筑正面临着一个极不易处理的情况。我踌躇再三，实在觉得不能不写信向你及时报告，求你在百忙中分出一点时间给我们或中央有关部门作一个特殊的指示，以便适当地修正挽救这还没有成为事实的错误。

事实是这样的：天安门广场东西两方的道路已逐步发展，没有问题地群众是欢迎将东西长安街发展为将来的林荫大道的。若本此原则，则东长安街南宽约50米的窄长空地便应同街北北京饭店前现时约50米绿带对衬起来，妥为保护，早日种植树木，为林荫大道创造条件；绝不应再将街南划出，建造房屋，破坏那一带已存在的开朗规模。都市计划委员会成立以来最大努力和困难之一也就是如何制止盲目的支配这个地区而使它只有若干公共建筑同绿荫公园配合。不过因为近来北京极度房荒，而城内极少空地，两年中许多机关都争取这处地皮为自己单位增建办公房屋。都划会因没有已获批准的总图纲领可以遵循，为照顾迫切需要，不敢坚持保留，多少就凭主观判断决定暂时可以拨用，便将全段空地划给中央几个部建造办公楼[1]，而希望在若干年后再行拆去。我当时因病在家，听到以后，非常踌躇，反复考虑。一方面我怀疑这样拨地是否适当；另方面又不知自己的看法是否正确，考虑是否有欠灵活，不适合客观情况。结果便没有坚持保留绿地的主张。

都划会方面(在薛子正同志领导下)[2]为照顾几年内这一带建筑所可能造成北京环境的损失计，拨地后曾给各部提了附带条件，要求各机关设计人要建筑物尽量同北京环境配合，最高不要过四层，规定按照民族形式设计，同时各部之间还要互相配合，以求整体的和谐。当时意思虽然也着重于平面上有计划性的部署，各部之间必须照顾相互的关系，建造面积和空地的比例，停车场的保留等等，但因都划会干部都缺乏经验，对这种职责不够了解，没有主动规定，对各部设计的建筑师，这些技术上的要求，也就既不太明确，也没有进行严格检查。

因此，这些原则性的要求虽被接受，但在具体的设计上并没有受到足够的重视。实际的困难是很多的。如材料质地粗糙或标准不一，或买不到等。但更重要的是建筑师技术水准参差，大半不能掌握技术为中国建筑风格服务，也不能适应本地经济情况和材料的要求。同时在思想上又常做了西式结构的俘虏，以为近代一些材料技术都只能做出西洋系统的式样。最严重的是近十余年来世界主义的反传统建筑理论十分普遍，倡所谓“功用主义”“忠实于材料”“唯物”的论说(机械唯物的论说)，其实是追求个人自由主义的，唯心的“创造”、“现代式杰作”的思想(我自己就该做自我检讨，过去虽然研究且熟识中国建筑历史和传统手法，而在实际设计建筑时，却受了世界主义影响，曾做过不顾环境，违反传统的“现代式”建筑，误以为那是国际主义的趋向。到解放后我才认识到国际主义同爱国主义的结合，痛悔过去误信了割断历史的建筑理论。而一般的建筑师还没有把爱国主义结合到自己业务方面，对中国优良传统十分怀疑或蔑视，且多歪曲事实说房架不经济来吓人，不肯严肃地去了解，分析与学习，反而没有立场地追随欧美各流派和单凭个人兴趣与好恶)。技术水准高的建筑师都说要“创造”“新的民族形式”来支持自己所偏爱的欧美流行的所谓“现代式”的，“有机的”，以几何形立体组合的平顶建筑物的情感。技术差的则只熟悉一些简陋，生硬，缺乏任何美感的西式楼房。在这种情形下，现时中国的建筑形式难免不是半殖民地教育所产生的最显著的效果。形形色色，不伦不类，而不是有方向，有立场的努力。

这一次各部设计最初大体很简单，虽都保持中国建筑的轮廓，但因不谙传统手法，整体上还不易得到中国气味，这种细节本是可以改善的。在五月中旬我曾扶病去参加一次座谈会，提出一些技术上的意见，并表示希望各部建筑师互相配合，设法商洽修正进行。出乎意料之外，一个多月以后，各部又因买不到中国筒瓦，改变了样式，其结果完全成为形形色色的自由创造，各行其是的中西合璧!!本身同北京环境绝不调和，相互之间更是毫无关系。有上部做中国瓦坡而用洋式红瓦的，有平顶的，有作洋式女儿墙上镶一点中国瓦边的，有完全不折不扣的洋楼前贴上略带中国风味的门廊的，大多都用青砖而有一座坚持要用红砖的。全部错杂零乱地罗列在首都最主要的大街上。其中纺织部又因与地下水道的抵触，地皮有四分之三不能用。贸易部建筑面积大大地超过了同空地应有的比例。在此情形之下，他们就要动工了!

处理首都的立体环境本是都划会职责之一；但一年来忙于拨地，在平面上的分配已很多处于被动，在立体形式方面也未抓紧有效的控制。这一列建筑物既已决定在显著地不宜密集建造的地点上，现在又加上这样粗制滥造，庞大而惹人注目的不正确，不调和的设计样式，而且要在已不足施工的时限内赶造起来。工程方面的问题更多到不可想像。我深深感到，在设计处理之不认真上和延搁各部工程施工的时间上，我们都应负大部分责任。但无论如何，这种不正确设计至少还未动工。我们应该不怕负起延搁工程的责任，宁愿受到检讨，请求延至明春动工，争取修正改善的补救办法，以免造成更大的，长期存在的错误。

几经讨论之后，各部建筑师对于首都环境的觉悟也提高了，纷纷自动要求都划会作统一修正，改动样式，以求同环境调和。可惜时间也不允许了。以现有的时间，草草修正枝节，并不解决问题，而在现有条件下，这样的工程必不能在冬季完工。我们对于这些工程十分忧虑，觉得今年完工与改善设计无法两全。我们知道你对于首都环境之调和，建筑外观都极端重视，我们更惴惴不安。人民雪亮的眼睛对于这种损害市容，破坏环境的建筑行为恐更不能饶恕。我这封信是考虑再三而后动笔的。自知这类事情与国家其他紧张工作相比，实轻如鸿毛，本不应让它来耗费总理宝贵的时间。但在你指派给我的岗位上，保护并发展首都的体形是我的任务。东长安街是处在这样重要显著的地位上，它的体形是每日每时万目共睹的。虽然若干年后可以拆除更改，但在建设伊始便给人民以极大的失望，在意义上较之几个月的时间和一部分工料的损失恐怕还大得多。

面临这个考验，大为彷徨，冒昧上书，实非得已。万望总理分神给予教导和指示。

此致

敬礼

梁思成

1951年8月15日

林洙注释

[1]当时东长安街南侧一带划给公安部，纺织部、煤炭部、外贸部等单位建设办公楼。

[2]薛子正，时任北京市人民政府秘书长兼北京市都市计划委员会副主任。

梁思成致周恩来信

(1951年8月26日)

总理:

自从人民日报六月十六日社论“没有正确的设计不可能施工”[1]发动了对于一年来基本建设工程的深入检讨以来，工程界的警惕性大大地提高了。我在养病中得到细心学习的机会，对于人民日报这样领导思想和工作深为感动。我一方面总结了自己的一些工作，试作了自我批评，另一方面分析了各处工程失败的原因，努力寻找问题结症所在，以求日后的改进，发现了对于基本建设有极大影响的三点，谨抒管见如下:

(一)一切建设应根据业务发展计划做出基本建设的发展计划，逐步实施。

很明显的，这次我们所读到的一切有关各方面的讨论，重点多在个别工程的工料经济和安全上，除却一两位同志轻微地提到外，很少讨论涉及基本建设更重要的问题。其一是关于一国、一省、一市、一乡，或一区之中，基本建设相互之间有计划性的设计问题(这也就是我所一直在努力促使领导方面注意的城乡总计划和都市总计划的方面)。另一问题是基本建设不仅是单纯的建造可用的房屋，而同时也要它们组成一国，一省，一市，一乡，一区的体形外表，亦即构成我们的环境的建筑物和建筑组群。它们不可避免地是最显著地代表着一个民族的文化艺术和思想体系的。因此，在总计划中，我们必须同时照顾到平面的部署和立体的形状两方面。只见到个别工程的安全与狭义的工料经济，可能就是造成全国建设中的不适当和更严重的浪费的直接原因。这种不适当与浪费是无形的，是永久的。这同单纯地只争取工程早日完成任务，或不考虑安全问题，因而坍塌或被迫返工，正犯着同样的，而且更严重的错误。

因此我向政府建议:

一切建设应根据业务发展计划，做出基本建设的五年，十年或十五年计划，逐步实施；而且这计划须同时兼顾到适用，坚固，经济，美观四个方面。

(二)预算之核定应与建筑季候相配合

凡是在冬季结冰的地区，一切泥瓦工程，尤其是钢筋混凝土工程，是毫不通融地受着气候的限制的。以北京为例，自三月下旬地面解冻完毕始，至十一月中旬开始结冰止，中间约有二百二十天，其中减去雨季约三、四十天，实际有工程日约一百八、九十天，在这期限之内，一般的三四层楼房是可以从容完工的。

工程是要款额确定之后才可以开始设计的。一般的工程，若要正确的设计，再加上审核，修正，再审核，再修正……的时间，大约需要三个月乃至五个月。但是今年年初国家总预算批准之后，等到各单位再分配下来，就已到了四月中。气候既不通融，既要赶着避免雨季，又要争取在结冰前赶完泥瓦工，于是被迫潦潦草草地设计，设计未完即已动工，造成了各种错误和损失。

因此，我向政府建议:

一切冬季结冰地区基本建设的预算要争取在前一年的九月底至十月中旬之间予以确定。

这样就可以在冬季不能施工的期间，缜密慎重地做好设计工作，备齐一切工料，等到次年地面解冻，就立刻开始施工。这样可以防止草率偏差，使工程质量得到较大的保证。

(三)兴建工程的数量应以材料供应情形决定。

今年的建设数量是以所能分配的小米[2]或人民券决定的。但是建设所用的是砖瓦木石水泥五金等等。小米或人民券并不是建筑材料。仅以小米或人民券预定可能建造的数量，与实际能取得的建筑材料可能极端脱节。今年北京兴建五万余间房屋，有不少因材料供应不上，或停工待料，或临时改变设计，乃至延搁不能动工，造成浪费不小。

因此我向政府建议：

今后每年度的建设计划须根据各地区建筑材料之生产量作决定。这些建筑材料须由政府统筹分配。

管见所及不知是否正确，敬请卓裁。

此致

最敬礼!

梁思成

一九五一年八月二十六日

因此我向政府建議：

一切建設應根據業務發展計劃，做出基本建設的五年，十年或十五年計劃，逐步實施；而且這計劃須同时兼顧到適用，堅固，經濟，美觀四個方向。

(二)預算之核定應與建築季候相配合

凡是在結冰的地區 一切泥瓦工程，尤其是鋼筋混凝土工程，是毫不通融地受着氣候的限制的。以北京為例，自三

林洙注释

[1]1951年6月16日《人民日报》在头版头条报道东北第三造纸厂在进行基本建设时，由于设计不周，盲目施工，被迫更换厂址，造成巨大损失。为此，发表《没有工程设计就不可能施工》的社论，并开辟专栏，开展了一次相当规模的讨论，先后刊登370多篇文章、报道、读者来信，集中批评了忽视正确的工程设计所造成的种种浪费(摘自1984～1985年卷《中国建筑年鉴》)。

[2]解放初期，华北地区由解放区来的干部实行实物工资制，按每月应发小米的数量折合人民币。故当时的建设投资有用小米数量来估算的，也有用人民币估计的。

梁思成致彭真信

(1951年8月29日)

彭市长:

都市计划委员会设计组最近所绘人民英雄纪念碑草图三种，因我在病中，未能先作慎重讨论，就已匆匆送呈，至以为歉。现在发现那几份图缺点甚多，谨将管见补陈。

以我对于建筑工程和美学的一点认识，将它分析如下。

这次三份图样，除用几种不同的方法处理碑的上端外，最显著的部分就是将大平台加高，下面开三个门洞(图一)。

如此高大矗立的，石造的、有极大重量的大碑，底下不是脚踏实地的基座，而是空虚的三个大洞，大大违反了结构常理。虽然在技术上并不是不能做，但在视觉上太缺乏安定感，缺乏“永垂不朽”的品质，太不妥当了。我认为这是万万做不得的。这是这份图样最严重，最基本的缺点。

在这种问题上，我们古代的匠师是考虑得无微不至的。北京的鼓楼和钟楼就是两个卓越的例子。它们两个相距不远，在南北中轴线上一前一后鱼贯排列着。鼓楼是一个横放的形体，上部是木构楼屋，下部是雄厚的砖筑。因为上部呈现轻巧，所以下面开圆券门洞。但在券洞之上，却有足够的高度的“额头”压住，以保持安定感。钟楼的上部是发券砖筑，比较呈现沉重，所以下面用更高厚的台，高高耸起，下面只开一个比例上更小的券洞。它们一横一直，互相衬托出对方的优点，配合得恰到好处(图二)。

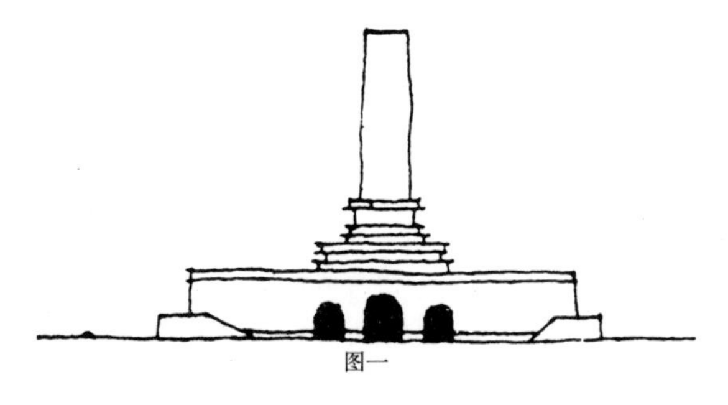

图一

但是我们最近送上的图样，无论在整个形体上，台的高度和开洞的做法上，与天安门及中华门的配合上，都有许多缺点。

(1)天安门是广场上最主要的建筑物，但是人民英雄纪念碑却是一座新的，同等重要的建筑：它们两个都是中华人民共和国第一重要的象征性建筑物。因此，两者绝不宜用任何类似的形体，又像是重复，而又没有相互衬托的作用(图三)。现在的碑台像是天安门的小模型，天安门是在雄厚的横亘的台上横列着的，本身是玲珑的木构殿楼。所以英雄碑是石造的就必须用另一种完全不同的形体：矗立峋峙，雄朴坚实，根基稳固地立在地上(图四)。

若把它浮放在有门洞的基台上，实在显得不稳定，不自然。也可说是很古怪的筑法。

由上面两图中可以看出，与天安门对比之下，上图的英雄碑显得十分渺小，纤弱，它的高台仅是天安门台座的具体而微，很不庄严。同时两个相似的高台，相对地削减了天安门台座的庄严印象。而下图的英雄碑，碑座高而不太大，碑身平地突出，挺拔而不纤弱，可以更好地与庞大，龙盘虎踞，横列着的天安门互相辉映，衬托出对方和自身的伟大。

(2) 天安门广场现在仅宽100米，即使将来东西墙拆除，马路加宽，在马路以外建造楼房，其间宽度至多亦难超过一百五、六十米左右。在这宽度之中，塞入长宽约四十余米，高约六、七米的大台子，就等于塞入了一座约略可容一千人的礼堂的体

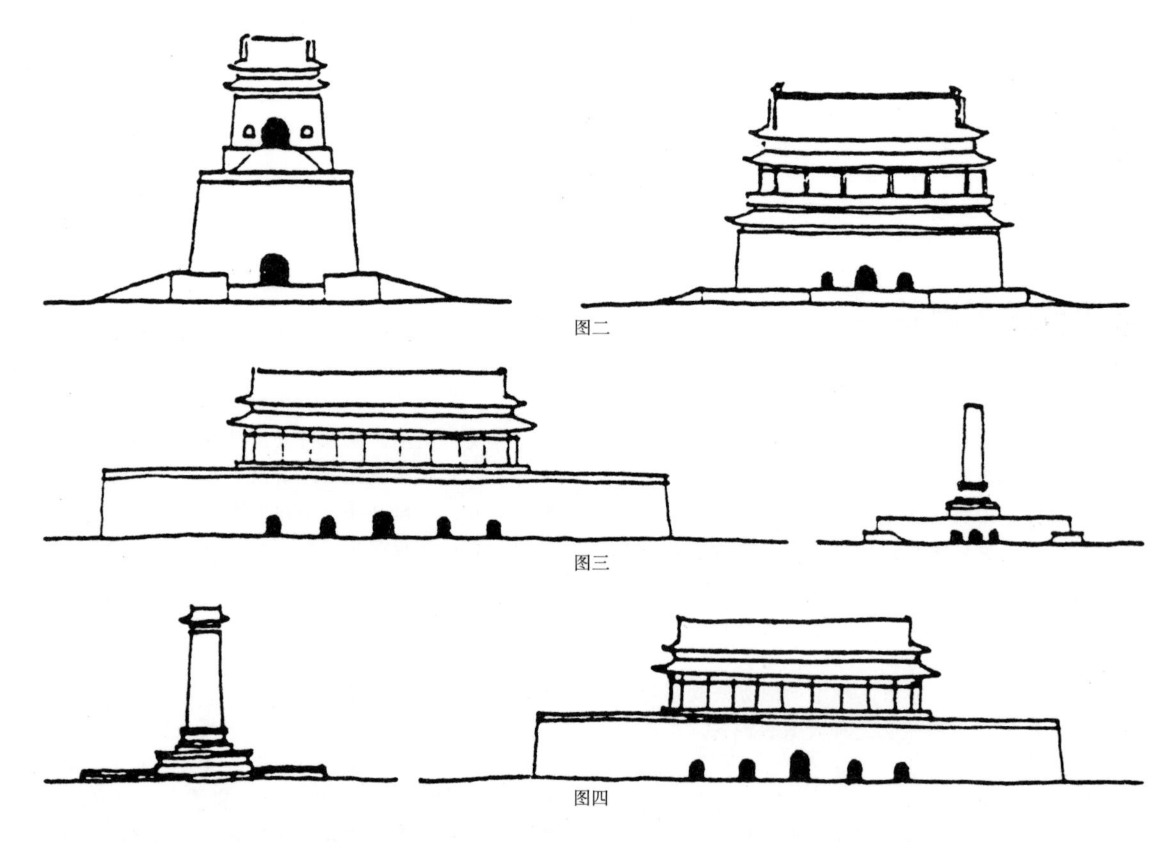
图二

图三

图四

积，将使广场窒息，使人觉到这大台子是被硬塞进这个空间的，有硬使广场透不出气的感觉。由天安门向南看去或由前门向北望来都会失掉现在辽阔雄宏之感。

（3）这个台的高度和体积使碑显得瘦小了。碑是主题，台是衬托，衬托部分过大，主题就吃亏了。而且因透视的关系，在离台二、三十米以内，只见大台上突出一个纤瘦的碑的上半段(图五)。所以在比例上，碑身之下，直接承托碑身的部分只能用一个高而不大的碑座，外围再加一个近于扁平的台子(为瞻仰敬礼而来的人们而设置的部分)，使碑基向四周舒展出去，同广场上的石路而相衔接(图六)。

（4）天安门台座下面开的门洞与一个普通的城门洞相似，是必要的交通孔道。比例上台大洞小，十分稳定。碑台四面空无阻碍，不唯可以绕行，而且我们所要的是人民大众在四周瞻仰。无端端开三个洞窟，在实用上既无必需；在结构上又不合理；比例上台小洞大，“额头”极单薄，在视觉上使碑身漂浮不稳定，实在没有存在的理由。

总之：人民英雄纪念碑是不宜放在高台上的，而高台之下尤不宜开洞。

至于碑身，改为一个没有顶的碑形，也有许多应考虑之点。传统的习惯，碑身总是一块整石(图七)。这个英雄碑因碑身之高大，必须用几百块石头砌成。它是一种类似塔型的纪念性建筑物，若做成碑形，它将成为一块拼凑而成的“百衲碑”（图八）。很不庄严，给人的印象很不舒服。关于此点，在一次的讨论会中我曾申述过，张奚若，老舍，钟灵，以及若干位先生都表示赞同。所以我认为做成碑形不合适，而应该是老老实实的多块砌成的一种纪念性建筑物的形体。因此，顶部很重要。我很赞成注意顶部的交代。可惜这三份草图的上部样式都不能令人满意。我愿在这上面努力一次，再草拟几种图样奉呈。

薛子正秘书长曾谈到碑的四面各用一块整石，四块合成，这固然不是绝对办不到，但我们不妨先打一个算盘。前后两块，以长18米，宽6米，厚1米计算，每块重约215吨；两侧的两块，宽4米，各重约137吨。我们没有适当的运输工具，就是铁路车皮也仅载重50吨。到了城区，四块石头要用上万的人

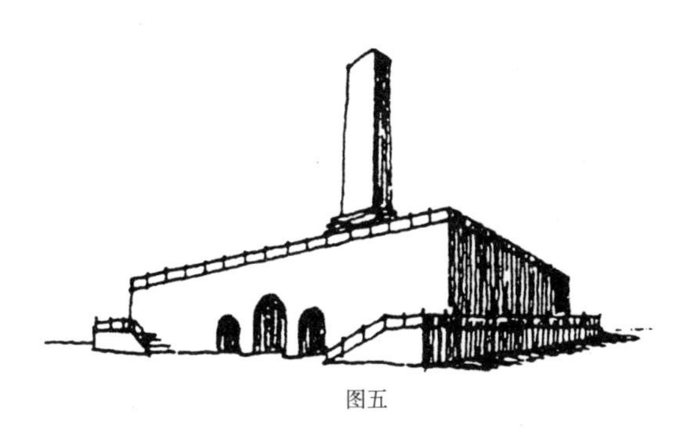
图五

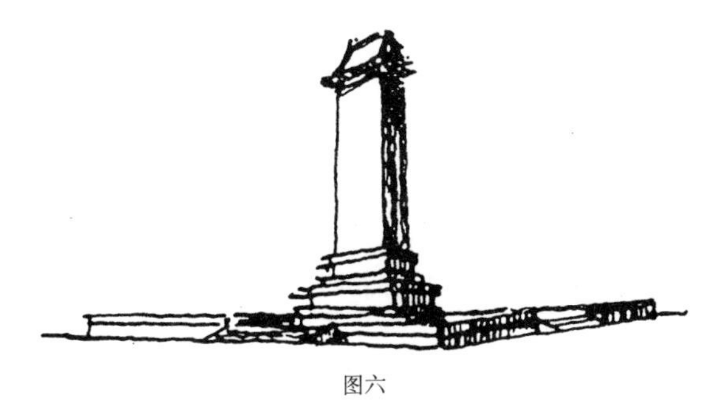
图六

力兽力，每日移动数十米，将长时间堵塞交通，经过的地方，路面全部损坏。无论如何，这次图样实太欠成熟，缺点太多，必须多予考虑。英雄碑本身之重要和它所占地点之重要都非同小可。我以对国家和人民无限的忠心，对英雄们无限的崇敬，不能不汗流夹背，战战兢兢地要它千妥万贴才敢喘气放胆做去。

此致

敬礼!

梁思成

1951年8月29日

彭市長：

都市計劃委員會設計組最近所繪人民英雄紀念碑草圖三種，因我在病中，未能先作慎重討論，就已匆匆送呈，至以為歉。現在發現那幾份圖缺點甚多，謹將管見補陳。

以我对于建筑美学的一点认识，将它分析如下。

這次三份圖樣，除用幾種不同的方法處理碑的上端外，最顯著的部分就是將大平台加高，下面開三個門洞。

如此高大矗立的，石造的，有極大重量的大碑，底下不是腳踏實地的基座，而是空虛的三個大洞，大大違反了結構常理。雖然在技術上並不是不能做，但在視覺上太缺乏安定感，缺乏"永垂不朽"的品質，太不妥當了。我認為這是萬萬做不得的。這是這份圖樣最嚴重，最基本的缺點。

在這種問題上，我們古代的匠師是殫慮湃無傲不'

图七

图八

林徽因致梁思成信

(1953年3月12日)

思成:

…………

我现在正在由以养病为任务的一桩事上考验自己，要求胜利完成这个任务。在胃口方面和睡眠方面都已得到非常好的成绩，胃口可以得到九十分睡眠八十分现在最难的是气管，气管影响痰和呼吸又影响心跳甚为复杂，气管能进步一切进步最有把握，气管一坏，就全功尽废了。

我的工作现实限制在碑建会设计小组的问题[1]，有时是把几个有限的人力拉在一起组织一下分配一下工作，技术方面讨论如云纹，如碑的顶部；有时是讨论应如何集体向上级反映一些具体意见作一两种重要建议，今天就是刚开了一次会有阮邱莫吴梁[2]连我六人，前天已开过一次拟了一信稿呈郑副主任和薛秘书长的，今天阮将所拟稿带来又修正了一次今晚抄出大家签名明天可发出(主要①要求立即通知施工组停扎钢筋)美工合组事难定了尚未开始所以②也趁此时再要求增加技术人员加强设计实力③反映我们对去掉大台认为对设计有利，可能将塑型改善，而减掉复杂性质的陈列室和厕所设备等等使碑的思想性明确单纯许多。再冰小弟都曾回来，娘也好，一切勿念。信到时可能已过三月廿一日了。

天安门追悼会的情形已见报我不详写了 。

昨李宗津由广西回来还不知道你到莫斯科呢。

徽 因

三月十二日写完

林洙注释

[1]指当时正在设计的北京天安门广场人民英雄纪念碑。

[2]阮邱莫吴梁，系阮志大(北京市建筑设计院工程师)、邱陵(中央工艺美术学院教师)、莫宗江(清华大学教授)、吴华庆(北京建工学院教授)、梁思敬(北京建筑设计院工程师)。

[2]

林徽因(1904～1955)，原名徽音。福建闽侯人。建筑学家、诗人。1920年～1921年在英国伦敦圣玛利女校读书，1924年入美国宾夕法尼亚大学美术学院，选修建筑系课程。1927年毕业，获美术学士学位。同年在耶鲁大学学习舞台美术设计。1928年与梁思成结婚。1929年任教于东北大学建筑系。1931～1946年在中国营造学社任职，并调查研究中国古代建筑。1946年始任清华大学教授至病逝北京。她的设计作品主要有：北京大学地质馆、灰楼学生宿舍，云南大学学生宿舍等。主要建筑著作有：《论中国建筑之几个特征》、《平郊建筑杂录》(与梁思成合著)、《清式营造则例》第一章绪论等。主要文学作品有：《谁爱这不息的变幻》、《笑》、《昼梦》等几十首诗篇；短篇小说《窘》、《九十九度中》等；散文《窗子以外》、《一片阳光》等。人民文学出版社1985年出版《林徽因诗集》，天津百花出版社1999年出版两卷本《林徽因文集》。

林徽因致梁思成信

(1953年3月17日)

思成:

…………

还要和你谈什么呢?又已经到了晚饭时候该吃饭了只好停下来(下午一人甚闷时关肇业来坐一会儿很好太闷着看书觉到晕昏)(十六日晚写)

十七日续 我最不放心的是你的健康问题,我想你的工作一定很重你又容易疲倦,一边又吃Rimifon[1]不知是否更易累和困,我的心里总惦着,我希望你停Rimifon吧,已经满两个半月了。苏联冷,千万注意呼吸器官的病。

昨晚老莫[2]回来报告,大约把大台[3]改低是人人同意,至于具体草图什么时候可以画出并决定是真真伤脑筋的事,尤其是碑顶仍然意见分歧。

徽因匆匆写完三月十七午

林洙注释

[1]治疗结核病的西药

[2]指清华大学教授莫宗江

[3]指北京天安门广场人民英雄纪念碑基座

刘敦桢致郭湖生信

(1953年12月21日)

湖生仁弟：

昨接本月十五函，甚感快慰。此次中国建筑学会推我主持中国建筑研究委员会，不过我近来很忙，身体又不好，尚未考虑如何进行这委员会的工作。你所提的六件事都很好，我一定要把它列入今后工作中去。谢谢你替我考虑这些事情。希望以后时常来信，多提意见。

你要晓得，任何工作虽然应当注意制度和组织，但同时必须选择适当的人，才能把事情办好。(此处删去74字——编者注)，以致研究的对象与范围很狭小，只知一隅，不知全面，更谈不到与国家的建设事业，以及如何创造新的民族形式好好地结合起来。(此处删去个字——编者注) 在大学建筑系毕业，并具有优良素质的人便不多了。即使有，也不是完全具备了下列几个必要条件。就是：(1)研究过马列主义，决心为人民服务；(2)通晓唯物辩证法；(3)对中国的历史、文化、考古、艺术以及地理、气候、材料、地质等有广泛的基本知识；(4)懂建筑设计；(5)懂建筑结构，并多少有点工程经验；(6)对雕刻与绘画有辨别能力；(7)通晓世界建筑史及世界各国的文化艺术；(8)最少能看两国的外国文字，不断吸收国外的新材料；(9)多调查古建筑遗迹，由实物中了解中国建筑艺术与雕刻绘画的演变与特征；(10)能速写、拓碑、照像、测量等。

当然，像这样一个全材，在今天没有几人，不过，我们必须拿这几个条件作为一个目标去培养青年，即使人数少，一个两个也可以，但必须培养出来。不如此，则不能好好地完成一部中国建筑史。可是，今天南工的潘谷西[1]虽然做我的助教，可惜他兼系秘书，太忙，没功夫读书。而新成立的中国建筑研究室[2]由华东建筑设计公司派来绘图员七八人，虽然都很努力学习，但因基础太差，不能短期内提高到预期的水准。你虽另有工作，但盼望能像上面所说的十个条件，多多努力。五年十年以后，必能对中国建筑史有所成就，对国家的文化和教育也有所贡献。

现在，我希望你先掌握唯物辩证法；其次，研究中国通史。因为，只有先了解中国社会的发展经过，才能了解中国建筑是如何形成和进展的。不过，通史方面只有范文澜[3]及河南大学史地教研室的一二部书比较正确。因此，必须用唯物辩证法研究一些别人未研究，而与建筑史有关的东西。在这基础上，再去钻研建筑史与建筑结构装饰等。方不致误入歧途。

我在营造学社汇刊上[4]发表的论文与报告，希望你多读几遍，并且需进一步阅读我文中所引的书籍。不如此，则你只看见铜，没有看见铜矿，如何能彻底了解铜的制造过程呢?当然，这是一件麻烦事，不能性急的。只能按步就班，稳步前进。如果想一夜变成一个学识丰富的专家，只能托之梦想而已。

现在我的工作是和研究室工作的同志们，正在改编今春出版的中国建筑史参考图[5]，预备明年四五

刘敦桢(1897~1968)，湖南省新宁人。1913年留学日本，1921年毕业于东京高等工业学校建筑科。1925~1931年先后任教于苏州工业专科学校及中央大学。1931~1943年任中国营造学社校理及文献部主任。1943~1968年先后任中央大学、南京工学院教授、建筑系主任、工学院院长。1955年当选为中国科学院技术科学部学部委员。其著作主要有：《苏州古典园林》、《刘敦桢文集》(四卷) 等。

郭湖生(1931~)，1952年南京工学院建筑系毕业后，当时分配至青岛工学院土木系任助教，1957年调至南京工学院建筑系，现任东南大学建筑系教授。

月间重行出版。它的内容，除了增加像片与图，以外，并拟加说明□万字。因此，也许要掉换一个书名。等这本综合性的书编好以后，接着要编辑教学与业务方面急于需要的中国建筑图集[6]。这是一部分门别类的图集，第一册为居住，第二册为都市计划与宫苑……等等，内容比前述综合性的书更详细一些。不过，我近来时常气喘、失眠、肋骨痛，十天中有五天不能努力工作。所以，实际上能否如期出版，尚不敢过于乐观。

中国营造法笔记[7]，我已通知潘谷西与甘柽[8]二人，暂借你一用。此外，并寄一份清式建筑比例表及蓝图[9]，作参考之用。幻灯片，我正在选择二百张基本片子，说明历史演变，将来再通知你们学校来晒印。关于参考书[10]，另单附后，但恐一时不易搜集。此间研究室正着手收购图书，打算数年后扩充为一个小规模的图书馆。你寒暑假都可到这里来看书。

即讯

近好

刘敦桢

1953.12.21

郭湖生注释

[1]潘谷西(1928～　　)1951年南京大学工学院建筑系毕业，留校任助教。现任东南大学教授。

[2]中国建筑研究室，由华东建筑设计公司(金瓯卜任经理)与南京工学院合办(刘敦桢为主任)，至1958年改为建筑科学研究院建筑历史与理论研究室(梁思成为主任)南京分室。1964年撤销。

[4]《营造汇刊》全名《中国营造学社汇刊》，为中国营造学社发表学术论文、调查报告、书评、学术动态的刊物。不定期，自1930年7月出版第1期至1945年10月停刊，共出版22期。

[5]范文澜(1893～1969)中国马克思主义历史学家。主编《中国通史简编》

[6]中国建筑史参考图：南工建筑系自编教学用。

[7]中国建筑图集：南工建筑系出版教学用。

[8]中国营造法笔记：刘敦桢先生讲课笔记。

[9]甘柽(1925～　　)1952年毕业于南京大学建筑系。1987年起为教授建筑物理专家，已退休。

[10]清式建筑蓝图：南工建筑系自晒制教学用蓝图。

[11]参考书目，约200余项，已遗失。

我在營造学社彙刊上發表的論文和報告，希望你多讀幾遍，并且從進一步閱讀我文中所引的書籍。不然的，如你只看史綱，沒有看史綱續，如何能徹底了解網的製造过程呢？当然，這是件麻煩事，不能性急的。只能按步就班，穩步前進。如果想一夜变成一个学識豐富的专家，那不过是夢想而已。

現在我的工作，是和研究室工作同志們，正在改編今春出版的中國建築史參考圖，預備明年四五月間重行出版。它的内容，除了增加相片與圖樣以外，併擬加說明□万字。因此，也許要掉换一个書名。等這本综合性的書編好以後，接着要編輯教学與業務方面急于需要的中國建築圖集。這是一部分門別類的圖集，第一冊為居住，第二冊為都市計劃與宮苑……等等，內容比前述综合性的書更詳細一些。不过我近来时常气喘，失眠，肋骨痛，十天中有五天不能努力工作，所以實際上能否如期出版，尚不敢过于乐观。

中國營造法筆記，我已通知潘谷西與甘柽二人，暫借你一用。此外併寄一份清式建築比例表及藍圖，作參考之用。幻灯片我正在選擇二百張基本片子，說明歷史演变，將来再通知你们学校来晒印。關于參考書，另單附後，但恐一時不易蒐集。此間研究室正着手收購圖書，打算數年後，擴充為一个小規模的圖書館，你寒暑假都可到這裏来看書。　即訊

近好。　劉敦楨　1953.12.21

梁思成致张驭寰信

(1956年9月13日)

张驭寰同志:

今天我已到科学院和技术科学部严主任[1]谈过。等负责土建方面的赵主任[2]从哈尔滨回来(三两天内)就办手续。我已请他们办好手续即通知清华建筑系楼庆西同志[3](研究室秘书)和刘致平先生[4]。请你同他们接洽。

敬礼

梁思成

九月十三日

张驭寰注释

[1]严主任系指时任中国科学院技术科学部主任严济慈。

[2]赵主任系指时任中国科学院技术科学部第二副主任赵飞克。他是留英归国学者，当时主管土木与建筑学科。

[3]楼庆西，时任清华大学建筑系教师支部书记，兼任研究室秘书，现为清华大学建筑学院教授。

[4]刘致平，时任清华大学建筑系教授、兼任研究室副主任、研究员。

此信的背景

1956年夏，党中央发出向科学进军的号召并开始制订科学远景规划之际，本人拟报考梁思成先生建筑史方面的研究生(当时是刚开始招研究生)，并送材料拜见梁思成先生。梁先生看到材料之后，对我说："这次不要报考了，我想办法把你调来工作，因为正在筹办建筑历史研究室。马上就能从事对中国古代建筑史的研究工作……"。谈话后不久，中国科学院(当时在北海文津街办公)人事局派人，把我的档案从重工业部(当时我在该部设计司工作)拿到中国科学院。大约1个月之后，收到1956年9月13日梁先生给我写的这封信。

"中国科学院与清华大学合办建筑历史与理论研究室"成立经过

大概是1956年春末，郭沫若院长找严济慈主任，建议在中国科学院内创办关于建筑史的研究机构。后来具体落实为由中国科学院与清华大学合办，请梁思成先生担任主任。1956年10月15日召开成立大会(是在梁思成先生家中大客厅召开的)。会上由梁思成先生宣布研究室的工作人员名单:

研究室主任梁思成教授

研究室副主任由刘致平教授兼任，

研究室的兼任研究员：清华大学建筑系刘致平教授、赵正之教授和莫宗江教授。

研究室助理研究员张驭寰(担任梁先生助手，并兼做行政事务)。其他人员尚有:

傅熹年、杨鸿勋、王世仁、虞黎鸿、舒文思等

研究室邀请外单位兼任研究人员尚有：陈明达(文化部文物局，每周四例会来室)罗哲文(文化部文物局，每周四例会来室)

研究室的研究计划及成果

1956年11月、12月研究计划

(1)梁思成先生批示，赴陕西、山西参观考察古代建筑一行五人：刘致平、张驭寰、傅熹年、杨鸿

张驭寰(1926～)，吉林舒兰人，1951年毕业于东北大学建筑系，1956年调至中国科学院与清华大学合办的建筑历史研究室做研究工作，后调至建筑科学研究院历史室及中国科学院自然科学史研究所做研究工作，研究员。

勋、王世仁。

（2）编著《中国建筑》。在梁思成先生主持下，研究室全体合作的成果。这部书于1957年12月由文物出版社出版。

1957年～1958年4月研究室的工作计划

（1）梁思成先生主持近百年建筑调查，傅熹年、虞黎鸿参加；

（2）刘致平先生调查陕西、内蒙古建筑，王世仁协助；

(3)赵正之先生考察研究元大都，由舒文思协助；

(4)莫宗江先生考察研究苏州园林，由杨鸿勋协助；

(5)张驭寰调查“吉林民居”。

研究室历经三年，在1958年4月结束工作。

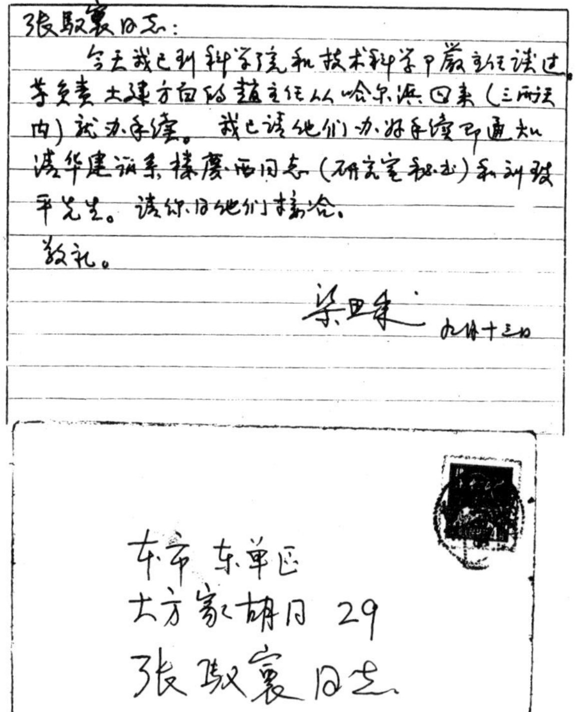

張驭寰同志：

今天我已到科学院和技术科学部严主任谈过，等负责土建方面的蔡主任从哈尔滨回来（三两天内）就办手续。我已请他们办好手续即通知清华建筑系楼庆西同志（研究室秘书）和刘致平先生。请你同他们接洽。

致礼。

梁思成 九月十三日

本市 东单区
大方家胡同 29
張驭寰同志
清华大学

刘敦桢致江苏省邮电管理局信

(1957年2月8日)

江苏省邮电管理局:

接一月九日大函，嘱查覆南京灵谷寺无梁殿的历史，并抄附《文物参考资料》1955年12期江世荣、蔡述传、韩益之三人合写的《江苏的三处无梁殿》与南京文物保管委员会复函一件。其中除无梁殿的式样与结构尺寸没有错误外，本人对此殿的建造年代有不同的看法，同时对式样的来源亦拟提供一些意见，以供参考。

一、灵谷寺无梁殿的建造年代

灵谷寺原名开善寺，乃梁天监十三年(公元514年)武帝萧衍葬高僧宝志处，其故址即现在的明孝陵。宋、元间称太平兴国寺，明初改为蒋山寺。洪武九年(公元1376年)，因寺距新建之宫殿太近，迁到朱湖洞南。洪武十四年建孝陵，又迁寺于现处，并改名灵谷寺。自该年九月兴工，至次年九月落成，事见明末天启七年(公元1627年)刊印的《金陵梵刹志》卷三所引朱元璋的《御制大灵谷寺记》及徐一夔的《奉敕撰灵谷寺碑》。前者撰于洪武十五年九月，后者撰于十六年，都是此寺落成后不久的原始资料，异常宝贵。徐文且对此寺中轴部分的主要建筑记述如下:

"……以十四年九月之吉中作大殿。殿之前，东为大悲殿，西为藏经殿。食堂在东，库院附焉。禅堂在西，方丈附焉。而大殿之后，则为演法之堂。志公之塔则树于法堂之阴，其崇五级。复作殿附塔，以备礼诵。……"

所述虽尚称翔实，然无只字言及无梁殿者，或大殿即为无梁殿欤?至万历间葛寅亮撰著《金陵梵刹志》，绘有灵谷寺图。其中轴线上自外及内，有金刚殿、天王殿、无量殿(按：即现在的无梁殿)、五方殿故址、供众律堂、志公塔等共计七重，而无梁殿已在其内。以此殿规模之大，若建于洪武间，徐氏碑记不致略而不言，这是最可疑的第一点。

其次，此寺的结构方式在徐一夔的灵谷寺碑中亦曾提及，其言如下:

"……而缔构之法，则从梁架桁不施叠栱，以桁承榱，不出重檐。凡交椽接霤，盘结攒辏如蜂窝蚁穴之状者悉不用。规模气象，轩豁雄丽，望之翚飞，积之山立，都人士庶，莫不瞻仰赞叹，以为希有。此皆皇上万机之暇，睿思所及，羲(按：即当时此寺的住持僧仲羲)与董工臣僚，奔走成算，以授群工，加程督之耳。……"

根据这段记载，使我们了解洪武间所建的灵谷寺是一个不用斗栱和重檐的木建筑群，而这办法是由明太祖朱元璋亲自决定的。大家知道，没有斗栱的单檐建筑是不会规模轩豁与气象宏丽的。可是朱元璋是我国历史上最专制和残暴的封建统治者之一，所以徐一夔不得不把它说成"都人士庶，莫不瞻仰赞叹，以为希有"。可是现存的无梁殿不但是重檐歇山顶，而且屋檐下还使用了斗栱，明显地与朱元璋的旨意不符，当时主持此工程的官吏、住持等何能如此大胆，几乎是一件不可思议的事。这是可疑的第二点。

再次，《金陵梵刹志》卷三还载有明成化九年正月二十四日的《本寺护敕》，也是一件重要的史料:

"……其后太宗文皇帝(按：即永乐帝朱棣)又添造殿宇山门。宣德年间寺毁于火，虽有岁入钱粮，缺人收集整理。暨朕即位之六年，特命僧录司左觉义德默往彼提督，次第盖造。……"

可知此寺在永乐间(公元1403~1424年)虽添建殿宇山门，但宣德间(公元1426~1435年)遭受火灾，经过三十余年后，至成化六年(公元1470年)才陆续修复。而上述成化九年(公元1473年)正月的敕文应是完工后为保护此寺而颁布的。由此可见宣德火灾和成化重修的范围都不会太小。

最后是明嘉靖间(公元1522～1566年)吕柟的《游灵谷寺记》:

“……随至无梁殿，殿皆瓴甋作，三券洞，不以木为梁，只此一殿，费可万金。……”

根据以上各种史料，证明此寺的无梁殿在明嘉靖间已经存在是毫无问题的事情，不过据徐一夔的灵谷寺碑，尚不敢说此殿就是洪武十五年所建。至于它的准确建造年代，因永乐、成化二次修建记录未曾述及，在未发现其他证物以前，目前尚难有所决定。

二、无梁殿式样的来源

所谓无梁殿，无论单层或二层，都是在砖造的半圆形券洞(Barrel vault)上面，再覆以中国式屋顶。据现在我们知道的资料，明代以前还没有这类地面建筑。在明代遗物中，应以灵谷寺无梁殿为最早，其余在万历间(公元1573～1620年)建造的，有山西太原永祚寺、五台显通寺、四川峨嵋万年寺无梁殿、江苏句容宝华山隆昌寺、苏州开元寺等处，其年代均稍晚，详部手法也较纤巧华丽。此外，1951年中国科学院考古研究所在北京西郊金山发掘的明崇祯四年(公元1631年)建造的妃陵，其墓室平面作工字形，在半洞券洞上，葺以绿色琉璃瓦屋顶，可见明代的佛殿与地下的墓室都有使用这种方法的。从结构方面来说，汉以来的墓室、甬道和宋砖塔的走道楼梯上部覆以半圆形券洞，已有一千多年的历史。经过这样长的酝酿时间，到明代就更广泛地应用于城门、钟楼、鼓楼、金刚宝座塔以及窑洞式住宅。那么，当地匠师随着客观的需要，进一步创造地面上的无梁殿与地下的墓室，不是不可能而是很自然的事——虽然许多遗失的锁链现在尚未发现。至于灵谷寺的无梁殿横列三个半圆形券洞，而中央券洞的进深较长，高度最高，西方学者每疑其受欧洲中世纪教堂的影响[1]，如《中原佛寺志》(Chinese Buddhist Monasteries)的著者荷兰建筑师姆勒(J.Rrip Moller)就是其中一人。当然，在元代初期(十三世纪后半期)东西交通相当频繁，罗马教皇曾多次遣使来中国要求传教，而马可波罗(Marco Polo)游记也说中国当时有若干基督教徒。不过笔者以为元代有基督教徒是一回事，建造欧洲式样的教堂又是另一回事，二者似乎不能混为一谈。而事实上，截至目前为止，我们尚未发现元代有这类建筑或与之有关的文献纪录，因此，不能作任何没有证论的揣测。

以上意见可能很不正确，祈你处斟酌答复斯玛拉专家为盼。

此致

敬礼

南京工学院建筑系

刘敦桢

1957年2月8日

刘叙杰注释

[1]先父在此信中未对此问题作进一步之阐述。依我国唐、宋以来之传统建筑实物及史料，此无梁殿之平面与空间组合，极似宋式殿堂之“前后槽”式样，甚至可视为是“金厢斗底槽”，其仿木建筑制式之意图，可谓十分明显。这种依建筑纵轴布置砖券的方式，在结构上必然产生对前后檐墙的巨大侧推力，为此不得不增大此二处墙体之厚度。就目前所知，有明一代所构筑之无梁殿，其券体之排列大多与建筑之纵轴相垂直，虽然内部空间受到一定限制，但侧推力集中于两山，故前后檐无需增厚。特别是在建造多层无梁殿时，还可将梯道置于两山厚墙之内，在结构与使用上均甚有利。实例一层的如北京天坛斋宫、皇史宬，多层的如山西五台显通寺无梁殿及河北丰润车轴山寿峰寺观音阁等。

刘敦桢致韩良源、韩良顺信

(1957年11月30日)

韩良源、韩良顺同志:

日前在苏州远东饭店匆匆一面，未及细谈。回南京后看到你们的来信，很高兴。你们两位年纪轻，肯虚心学习，是再好也没有的了。

假山本来是从模仿真山而逐渐发展起来的，但人们总不以单纯模仿为满足，而是要创造一些新作品来满足生活中不断产生的新要求。事实上设计人能够掌握的石料、人工、叠山技术、经费和时间都有着一定的限度。在有限的物质条件下，要做到假山既像真山，而又富于创造性，可不是一件容易的事情。我建议你们对现存的许多假山，先进行一番研究，辨别哪些是好的，哪些还嫌不足。然后对较好的实例，多多研究它们的布局与堆砌方法，方能提高自己的工作水平。现在举出几处较好的假山，供你们作参考。

一、湖石堆砌的假山

苏州的艺圃与五峰园二处的假山，都建于明代后期，虽经后人修理，大体上仍保持原来风格。这种风格和我在南京、常熟等地所见的明末清初假山，没有多大差别。首先在布局方面有下列几个特点:

1.假山的形体与轮廓能适应其占地面积之大小与周围之环境。如何处是主峰?何处是次峰?何处宜高?何处宜低?高低之间，如何呼应对照?都经过一番周详考虑。一般来说，假山须以池水衬托，而且主峰不宜位于中央，以免产生呆板的弊病。

2.明代假山的主体，多半用土堆成，仅在山的东麓或西麓建一小石洞。如艺圃与五峰园均在山的西麓；南京的瞻园在东北角；常熟的东皋别墅假山虽很小，亦在中点偏西处建一小洞。这种办法既节省石料、人工，山上还可栽植树木，与真山无异。似乎比狮子林满山都是石洞高明多了。

3.假山与池水联接处，往往使用绝壁。其下再以较低的石桥或石矶作陪衬。使人感觉石壁更为崔嵬高耸，如南京瞻园与苏州艺圃都是如此。

4.艺圃与瞻园都在绝壁上建小路，可俯瞰池水，最为佳妙。五峰园的路则折入山谷中，谷上建桥，游人自谷中蜿转登山渡桥，然后方可至山之顶点。这种构图完全从我国传统的山水画脱胎而来，表现了我国园林与绘画的密切联系。

5.山腰与山顶往往建有小平台，以便休憩、眺望。

6.若山上树木较多，可在山顶上建亭，否则亭子应建于比主峰稍低处，以免过于突出而少含蓄。

在假山堆砌方面，其手法亦有几个特点:

1.山上之石必须富于变化，但何处用横石?何处用斜石?何处用竖石?宜有一个整体观点，要从山的整个形体来决定，不是临时凑合，建到那里砌到那里。狮子林的砌石，大多属于失败的例子。

2.邻接的石块，其形状与纹理应大体一致，才能相互调和，不致产生生硬毛病。但过份调和，又产生平凡的缺点。所以必须在统一调和的原则下，形成一定程度的变化。如路旁成排的石头，有时故意选择形体不同或高低不等的，使其产生对比作用。而危崖绝壁，也不是一直上升，有时有意将一部分石块向外挑出或收进，或作灵活生动的转折。为了达到这个目的，大石之间往往夹用小石；凸石之间杂以凹石；横石与竖石之间安插若干斜石，方与真山无异。

3.明代的石岸与石壁，往往仅用普通湖石堆成，但石与石间，有进有退，相互岔开，远望似有空洞，实际上只是凹入处的阴影而已。如艺圃与五峰园都如此，似乎比清代用透空的湖石，更为大方坚

韩良源、韩良顺兄弟系苏州叠山匠师。

固。

4.如有山谷或瀑布，其两侧所用之石，必是一大一小，一高一低，相互错落有致，但错落中又有宾主之分。最忌用石大小相同，高低一致，则了无生趣。

5.山路的起点与转角处，所布之石虽可偶用横石或斜石，但多数用体积稍大而形状较复杂的竖石，有如画龙点睛，使游人至此精神为之一振。不过桥的两端多用横石和斜石，其体量亦较小。

清代用湖石堆砌的假山，以苏州汪义庄(即环秀山庄)最为杰出。但经仔细研究，此山在南侧建临池石壁，壁下有路，转入山谷，再由谷内升至山上，而谷上有二处架设石桥，仍然从明代假山变化而来。不过它用三个山谷攒聚于山的中点，石壁也较高峻峭削，山上路线上下盘环，也较复杂，可称为别出心裁的佳作。可惜后人于修理时，将石缝抹得太宽太厚，以致使原来面貌受到一定的损失。只东南角靠墙处，及山上已死的枫树下，还保存二段未曾勾抹的石山，可看出原设计者戈裕良运用石料形体与纹理的高度技巧，令人十分佩服。

此外，无锡寄畅园池北的假山西侧，在蹬山的石路旁，也保存了一段未经修改的假山，其构图十分生动与自然，希望你们能去研究研究。

二、黄石堆砌的假山

这类假山以上海豫园的黄石山规模最大。此山仅在东北角建石洞一处，其主峰位于中央偏西处，下为山谷，架二桥于山谷及小溪上，再在山上点缀绝壁与平台数处，不仅气势雄浑，其叠石方法也富于变化，真当得起“气象万千”四个字。惜此山之东南角与西南角为后人所添，山上之石亦有不少业经修改，不是百分之百的原貌。

其次，苏州留园中部的假山，在靠水池的西、北二面，留下了一部分黄石堆砌的假山。又如涵碧山庄即留园西北隅，有几段石山与石路就堆砌得很好，可惜近年来被抹上白色灰缝，很不协调。

此外，无锡寄畅园东北角的八音涧，用大块黄石堆砌成曲折的石谷，构图甚为奇特，砌法亦很大胆且自然，也是一个杰作。如果拿八音涧与留园西部枫林下的石路相比较，我想不难了解堆砌黄石的方法了。

黄石色泽自淡黄至赤黄，亦有多种变化。因系火成岩构成，故质地较湖石坚硬，外形刚挺多楞角，宜构气势雄健之岗峦。但其使用之原则，与湖石几无二致，故不赘述。

目前国内黄石假山较著名之实例，除上述者外，尚有扬州个园中“四季假山”之“夏山”[1]该山位于园内东区，体积甚大，中构石窟，并有蹬道上至山顶，顶上另建一亭。山体石多土少，草木甚稀，亦为一般黄石山之特点。苏州拙政园中部之二岛，叠以黄石，但石间杂土，故竹木苇草得以滋生，顿生野趣。其登山踏道与道侧，皆置黄石。手法与留园西部大体雷同，内中且不乏佳作。

使用黄石时，最好不要同时参砌湖石，以免格调不一。使用湖石时，自然亦同此理。二石混用之例虽偶一见之，但未有成功者。

现在国内重视文物保护，不但正在修理各处已存的古代假山。今后为了绿化城市起见，各地还要新建一些新的假山，真是一个发挥这方面创造力的绝好机会，希望你们多多研究，多多努力，为祖国建设作出更大贡献。

此致

敬礼

刘敦桢

1957年11月30日

刘叙杰注释

[1]此“夏山”当为“秋山”之笔误。因该假山全由棕黄色黄石砌成，山上绝少草木，仅顶建一亭。盖古人以秋为肃杀，故尔。该园之“夏山”在园内西侧，全由灰白色湖石构成，前有折桥小池，入口处曾置水幕，故又称“水帘洞”。二者相比较，其名谓自可明辨矣。

刘敦桢致朱启钤信

(1961年11月16日)

桂师尊鉴旬前奉上寸柬计达
座右回忆民国初季
先生发现营造法式抄本究心宋法式与清做法进而组织营造学社以完成中国建筑史勉励后进培养人材今日建筑学术界在党领导下蓬蓬勃勃一日千里然当年
先生筚路蓝缕之功因亦垂诸不朽敦桢亲聆
教益三十余年于兹受惠之深楮墨难罄际此
九秩大庆理应赴京祝嘏乃疾病纠缠不克北上而朱君鸣泉来信云苏州绣影不能如期付邮下怀尤为不安谨此专函祝
寿兼述歉忱尚恳
海涵于格外临颖不尽万一专肃敬叩
寿安

门人

刘敦桢上　**陈敬**[1]同叩

一九六一年十一月十六日

杨永生注释

[1]陈敬，刘敦桢夫人。

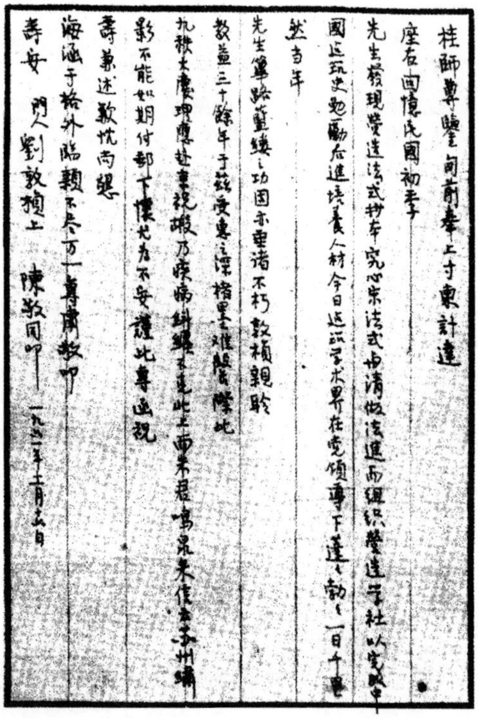

朱启钤(1872～1964) 字桂莘，晚年号蠖公，贵州开阳人。清末，朱启钤先后任京师内城及外城巡警厅厅丞，邮传部丞参兼津浦铁路北段总办。辛亥革命后历任交通部总长，内务部总长。1919年他在江南图书馆发现手抄本[宋]《营造法式》一书。1930年2月正式成立“中国营造学社”，朱任社长。1949年，周恩来派章文晋(解放后曾任外交部副部长，朱的外孙)去上海接朱启钤来北京，任中央文史馆馆员并兼任古代文物修整所顾问。

刘敦桢致单士元信

(1962年4月15日)

士元同志:

关于明、清家具，这几天和杨耀、王世襄二位谈了两次，大体情况如下:

1.北京各机关如故宫博物院、历史博物馆、北大博物馆、颐和园、迎宾馆、清华大学土建系、工艺美术学院、□□电影制片厂[1]（拍《梁山伯与祝英台》电影时，曾在吴县洞庭东山收购若干家具）、第一木材厂等，均收藏有若干明、清家具。希派人调查了解，挑选典型作品，以便集中陈列。陈列地点以故宫为最恰当，但其他机构是否同意，恐尚待协商。

2.私人收藏方面，如杨耀[2]、王世襄[3]、陈梦家[4]、邓以蛰、冀朝鼎[5]、郭某(前盐业银行副经理)、乐某(同仁堂)、费某……等，收藏明、清家具亦相当多，调查了解恐需要一定的时间与人力。如不愿捐献或出让，希望能惠允绘图摄影，以供研究参考。

3.北京现存各寺庙的家具，亦急待调查统计，以防散失或损坏。如智化寺万佛阁的明代经橱，即是前车之鉴。

4.售卖家具的鲁班馆龙顺成、台基厂懋隆、北京文物商店等处，往往有名贵家具。可是目前销路窄，售价低，以致卖给乐器厂供制作各种乐器之用，十分可惜。希望有关部门设法制止，并拨专款收购，以杜塞古家具不断损毁消亡之漏洞。

5. 过去英、美大使馆与近年之印度大使馆均在收购我国古家具，应防止其运往国外或损毁之。

6.北京近郊各县及山西、山东、甘肃、江苏、皖南、浙南等处，不时发现明代和清初的家具，希望文化部通令各地文管会注意保存。但一般人对家具缺乏了解，最好请杨耀、王世襄二位写两篇文章，登载《文物》之上，先作一番宣传工作。

总之，三十年来明、清精美家具的毁坏、散失和出国者，数量相当可观，是一件异常令人痛心的事。但目前进行收集，保管与陈列，为时尚不算晚，而且大有可为。除将以上情形函告王冶秋[6]局长外，祈费神传达吴院长，大力支持，不胜盼切之至。

顺致

春祺

刘敦桢

1962年4月15日

刘叙杰注释

[1]此□□电影制片厂应为上海电影制片厂。依有关文献史料，知该制片厂于1954年摄制《梁山伯与祝英台》一剧。编剧为徐进、桑弧，导演为桑弧，主要演员有袁雪芬，范瑞娟等。

杨永生注释

[2]杨耀，明式家具专家，曾任职于建工部北京工业建筑设计院

[3]王世襄(1914~)，北京人，1938年毕业于燕京大学国文系，1941年获该校文学院硕士学位。长期致力于古代工艺美术品研究。著有《明式家具珍赏》等。

[4]陈梦家(1911~1966)，1931年毕业于中央大学法律系，1936年毕业于燕京大学研究院。曾任清华大学教授、中科院考古所研究员。

[5]冀朝鼎(1903~1963)，1924年毕业于清华学校，先后获美国芝加哥大学法学博士、哥伦比亚大学经济学博士，1927年加入中共，长期从事地下工作。解放后历任中国国际贸易促进会副主席、中国科学院哲学社会科学部学部委员。

[6]王冶秋，1924年加入共青团，1941年加入中共，后在冯玉祥处任教员兼秘书。解放后，任国家文物局局长。

单士元(1907~1998)，北京市人，1933年毕业于北京大学研究所国学门。曾任中国营造学社编纂兼中法大学教授，历任故宫博物院副院长，研究员、顾问。

卢绳致张良皋信

(1962年9月20日)

良皋学弟如面

白门握别，忽忽已十余年矣，奉读，华翰[1]快何如之、你班同学，除周叔瑜[2]黄兰谷[3]在宁时曾同事数载外，北来以后，惟童鹤龄[4]同在一校朝夕相处，余皆各自一方，信问殊渺也。来函讯及有关古代建筑模数制问题，绳于此所知亦鲜，虽从事建筑历史教学有年，然皆停留在一般知识上，极乏深入之研究，实难满足所期，至为歉怅。周礼考工记论明堂有谓"度九尺之筵"，状即为日本之定型草席，此为文献所载建筑平面模数之始。秦汉以降，建筑仍多悬空搁置地板，因席地而坐之习始然。朱桂莘[5]考证朝鲜旧宫殿建筑时，曾论及之。故汉制对有功之臣，始赐"剑履上殿"，一般臣僚必然是不穿鞋子上殿，盖因殿室地板悬空，不患冷湿也。南北朝时西域传入"胡床"，始渐废踞坐地上之习，想家具尺度，内檐空间高度亦皆因之而有变化，唐代边陲之地，似仍有席坐习惯，见敦煌壁画，可以证之。关于间架制度，宋制清式术语各别诚如尊言，关于各架进深尺度，宋制是比较灵活的，征诸实物，亦复如此。元明之世，亦复每架逐渐向内逐减，清工程做法谓进深步架之法有二：1.每步架相等。2.檐步、金步、脊步逐次内减(金步为檐步8/10，脊步为7/10等)殿座实物亦复如此，想来系为使屋顶坡度崇峻，较为庄严耳。民间住宅格式俭朴，步架略等，想为了备料施工便捷之故。然每步有变化者，亦复不少，古代度量尺度的比例关系，长安古迹考仅论汉唐尺度；宋尺据今人考证等于31.6公分。历代尺度有吴承洛著"中国度量衡史"一书，大概是商务出版中国文化史丛书中之一册，各地图书馆率皆有之，可以参阅。关于中国古代木架结构的模数制，当然是为了设计施工方便，利于大量兴建，而材料分剖便利，经济节约，实为一大原因。如清制檩、柱、枋往往长边与径相同，可以同备一料，随宜改做；而望板、垫板、椽子等亦均与柱径成倍数关系，可以用大料剖制，无甚耗损。其实石材亦复如此，如阶条石、角柱石、垂带石等亦均同其尺度，俾剖料时节约人工也。至由于模数制的比例关系所形成造形上的艺术效果，则可以测绘之实物进行分析，亦如西人分析古典建筑构图之法，惟此方面我们做的尚少也，绳知之甚少，读书亦鲜，拉杂写来，实无以释疑问之处，歉甚歉甚。月初自冀南调查归来，与友人有唱和小诗数首，略陈所历及最近认识，特录附，并希指教。弟又小我数岁，愿能相与勖勉，共求进步。

鲍祝遐[6]老师、王秉忱先生及殷海云[8]黄康宇[9]诸兄想常晤及，望代问好，如有闲暇，希能惠我数行，以释远念也。专复，并问近好

小兄

卢绳 敬上

通讯处：天津大学二村73号，或土建系设计教研室都可

步友人述怀诗原韵（四首）[10]

白门莺柳意髫年，十载匆匆事化烟，一角河山残北国，几回烽火照南天；怀哀犹自遵遗训，发奋时思着祖

卢绳 曾任中央大学建筑系教授，天津大学建筑系教授。

张良皋(1923～)，湖北汉阳人，1947年毕业于中央大学建筑系，曾任武汉市建筑设计院高级建筑师，现为华中理工大学建筑系教授。目前正在撰写《匠学七说》一书，其中《一说筵席》、《二说干栏》、《七说纵横》都与席居有关。

鞭，幸有诸兄共携引，缓开荆树慰重泉。

我自上庠习一科，西行道路总蹉跎，汉皋历尽流难苦，巴蜀愁听子夜歌；毕竟八年归白下，还期指日靖黄河，故园劫后凋残甚，遍地哀鸿乞止戈。

神州丽日壮长虹，争说东方有劲风，埋首犹思周七略，振喉枉冀辩三宗；移家燕赵居由始，访胜秦齐迹未终，最喜京华秋色里，汉宫落叶看梧桐。

中年两鬓见星霜，放眼前程愈不茫，从此科研知远计，由来教学尚多方；红旗三面争前进，青史千年待发扬，花放鸟鸣春色好，一时骐骥并腾骧。

录供

良皋学弟清政

卢绳 陈稿

1962年9月

张良皋注释

[1]为索解中国筵席制度疑问，首先求教于卢绳先生。在中央大学建筑系就读时，中国建筑史由刘敦桢、卢绳二先生讲授，而以卢先生授课时间为多。

[2]周叔瑜，中央大学建筑系1947年毕业，曾任国家城市建设总局科技设计司副司长，1999年逝世。

[3]黄兰谷，中央大学建筑系1947年毕业，曾任华中理工大学建筑系主任，1989年逝世。

[4]童鹤龄，中央大学建筑系1947年毕业，天津大学建筑系教授，1998年逝世。

[5]朱桂莘，即朱启钤。

[6]鲍祝遐(1899～1979)，即鲍鼎，字祝遐，曾任中央大学建筑系主任。

[7]王秉忱，中央大学建筑系1935年毕业，曾任中南建筑设计院总建筑师，已故。

[8]殷海云，中央大学建筑系1943年毕业，曾任中南建筑设计院总建筑师，已故。

[9]黄康宇，中央大学建筑系1944年毕业，华中理工大学教授。

[10]卢先生函末附此诗，用典均甚平易，唯“振喉枉冀辩三宗”须稍作解释。1957年知识界被号召“帮助党整风”，克服“教条主义”“宗派主义”。先生响应，谓党内有“禅宗”“律宗”“密宗”，云云，无非“幽”了一“默”；先生未免“僭越”，成了划右派的头条罪状。卢先生文行两美，本来就是个“合格”的右派，加上这一条，当然逃不脱；先生对此坦然处之，他知我亦曾处同样困境，故尔示诗见勖。先生幼承家学，雅擅诗词，卒后作品星散，存世无多。此四诗皆积极开朗，鼓吹休明，公之同人，以资共赏。

步友人述懷詩原韻（四首）

白門鶯柳憶髫年，十載匆匆事化烟，一角河山殘北國，幾回烽火照南天，懷哀猶自遵遺訓，發憤時思着祖鞭，幸有诸兄共携引，缓开荆树慰重泉。

我自上庠習一科，西行道路总蹉跎，漢皋歷尽流離苦，巴蜀愁聽子夜歌，畢竟八年歸白下，還期指日靖黄河，故園劫後凋残甚，遍地哀鸿乞止戈。

神州麗日壮長虹，争説東方有勁風，埋首猶思周七略，振喉枉冀辯三宗，移家燕趙居由始，訪勝秦齊蹟未終，最喜京華秋色裏，漢宫落葉看梧桐。

中年两鬓見星霜，放眼前程愈不茫，從此科研知遠計，由来教學尚多方，紅旗三面争前進，青史千年待發揚，花放鸟鸣春色好，一時骐驥并騰驤。

錄似

良皋學弟清政

卢繩陳稿

1962年9月.

刘敦桢致张良皋信

(1963年1月21日)

良皋同志:

久未通音讯，日前自北京归来，接62年12月25日来信，畅论我国古代筵席之制，读之无任忻快。近来大家虽留意古代家具与房屋大小高低及室内布置的关系，但多偏重于桌椅橱几等。其实，我国家具的演变，应分为三个阶段来研究：首先是筵与席，次为床与榻，最后才是桌椅等。希望你从生活和文化着眼，全面研究这三者的发展过程为盼。

概括地说，这三者的发展，具有相互重叠的现象。即筵与席的使用，最晚自周代开始，其下限可延至六朝以后。床至晚亦自周代开始，至汉发展为榻，流传至宋，方渐废弃。桌椅于南北朝时期自西域诸国传来[1]，今天犹在使用，但唐以来其式样久已中国化矣。

关于筵与席，来信征引繁博，足窥致力甚勤，有独到见解。不过应当注意的，《考工记》(此书似编于战国间，但其内容总结战国以前不少的经验)所述筵席之制，应属于明堂、宫室。一般房屋是否以筵席为模数，尚待进一步研究，方能决定。就我所知，长沙出土的战国漆器(原物被反动派劫往台湾)，绘有简单房屋，室内中央铺席一张，仅坐一人。其他汉代画象石、画象砖与河南沁阳县东魏造像碑所示，亦多[为]一席，或东、西二席对坐，皆未铺满全室，可见席不是一般房屋的模数，与日本的“叠敷”不同。至于古代席坐之法，有跪坐、盘足坐、箕踞坐三种，而以跪为最敬。由于跪坐易于疲劳，故老年人往往再凭几而坐。几的形状有二种：其一为长方形，见前述蔡侯墓出土品(现陈列在北京历史博物馆)。另一种为半圆形，下具三足，称“曲几”，见四川绵阳县西山观隋代道教石窟，惜原物已毁。

当周代官室使用筵席时，已有供睡眠用的床，见前述蔡侯墓出土品。汉代与六朝文献，尤其是《后汉书》，往往于无意中言及榻。从功能与形制而言，榻应是从床演变而成。汉代皇帝朝会群臣，坐于珠帐内。儒师马融教学生，坐于绛帐内。所谓珠帐和绛帐，据敦煌壁画应施于榻上。榻有大小之分，一般宾主相见，各坐小榻相对；家属与至友则共坐大榻上，其形制见于汉画像石及明器、敦煌壁画及其他绘画、雕刻中的，不遑一一缕举。至于唐佛光寺与南禅寺大殿内，建矮而大的砖台，安置诸佛像群，辽独乐寺观音阁之则用木台，都是榻的变体(日本亦复如是)。

绳床即交叉椅，于南北朝传入中国。而敦煌北魏壁画中有较大之椅，可盘坐其上。桌椅至唐中叶以后，始渐普遍使用，至宋代终于取榻而代之，见唐以来文献与各种文物，无烦赘述矣。由于家具的改变，宋代的室内布置不得不发生变化，并且还影响到房屋的高度与各种装修(小木作)的式样与结构。

春节后，我仍赴京编建筑史。忙中拉杂书此，不及万一。专复并问近好。

刘敦桢

1963年1月21日

于南京四牌楼南京工学院一系

张良皋注释

先生举古代画象砖石所示室内铺席之例，谓“皆未铺满全室’，可见席不是一般房屋的模数，与日本的‘叠敷’不同。”因此中国古代“是否以筵席为模数，尚待进一步研究，方能决定。”遵嘱，我1998年访问日本之际，曾留心观察各博物馆陈列的古代风俗画，所见敷席之制，绝大多数也未铺满全室；但这似并不表示日本古代不用满铺叠敷，而是画图省略——只画出坐者所坐的“加席”。中国古代砖石画象，恐亦是画出了“席”，而省却了“筵”。考之中国古代“升堂脱屦，登席脱袜”之制，则室内全部“肆筵”，恐系常规。

刘叙杰注释

[1]依四川出土有关住宅及市肆之东汉多方画象砖，知于庖厨及市肆中，已有高足桌案之应用。而河南等地汉墓出土之明器中，亦有高足磨架等形象之出现。虽然此时日常起居中尚未见有高足之桌椅，但上述迹象表明，高足桌案等家具是否完全来自域外，尚可作进一步之研究。

良皋同志：

久未通音讯，日前自北京归来，接62年12月25日来信，畅论我国古代筵席之制，读之不任忻快。近来大家曾留意古代家具与房屋大小高低及室内布置的关系，但多偏重桌椅橱几等。其实，我国家具的演变，应分为三个阶段来研究：首先是筵与席，次为床与榻，最后才是桌椅等。希望你从生活和文化着眼，全面研究这三者的发展演进为盼。

概括地说，这三者的发展，具有互相重叠的现象。即筵与席的使用最晚自周代开始，其下限可能延至六朝以后。床至晚亦自周代开始，至汉发展为榻，流行至宋，方渐废弃。桌椅于南北朝时期自西域诸国传来，今天犹在使用，但唐以来其式样久已中国化矣。

关于筵与席，来信征引繁博，足见致力之勤，有独到见解。不过应当注意的，考工记（此书似编于战国间，但其内容导源战国以前不少经验）所述筵席之制，适用于明堂宫室。一般房屋是否以筵席为模数，尚待进一步研究，方能决定。就我所知，长沙出土的战国漆器（原物被反动派劫往台湾），绘有简单房屋，室内中央铺席一张，仅坐一人。其他汉代画象石、画象砖与河南沁阳县东魏造象碑所示亦多一席，或东西二席对坐，皆未铺满全室，可见席不是一般房屋的模数，与日本的“叠敷”不同。至于古代席坐之法，有跪坐、盘足坐、箕踞坐三种，而以跪为最敬。由于跪坐易于疲倦，故老年人往往凭几而坐。几的形状二种。其一为长方形，见前述蔡侯墓出土品（见北京历史博物馆）。另一种为半圆形，下具三足，称曲几，见四川梓潼县西山观隋代道教石窟，惜原物已毁。

梁思成致车金铭信

(1964年3月22日)

车专员:

我两次到湛江，都承热情接待，并惠贻土产手工艺品，感荷殊深。日前接来示并湖光阁设计方案，知道湛郊风景胜地正在进行建设，很高兴。为了把风景区建设好，极愿献一得之见。我也许有过于坦率唐突之处，请原谅。

一、从艺术造形方面来说，一座建筑物，特别是风景区的“观赏建筑”，首先要考虑与环境(自然的和人造的环境)协调。关于莫秀英墓环境的具体情况，我已记不清楚，因此我基本上已被剥夺了发言权。

二、在艺术造形上，类似这样不高不矮的楼阁，也许长方形平面比正方形的比较容易处理。是否可以改为长方形平面?

三、从实用方面考虑，除了长方形可能更适用外，还要考虑这阁上或阁下的平地上是否准备使游人可以小坐品茶，观赏风景。因此，是否需要一些附属建筑，如廊、榭之类，其中可附设小卖部、茶座、茶炉、厕所等等。这些附属建筑可与阁构成一个小组群，在构图上有高低、主从，由远处望过来，可使整个轮廓线的形象更丰富一些。略如下图。

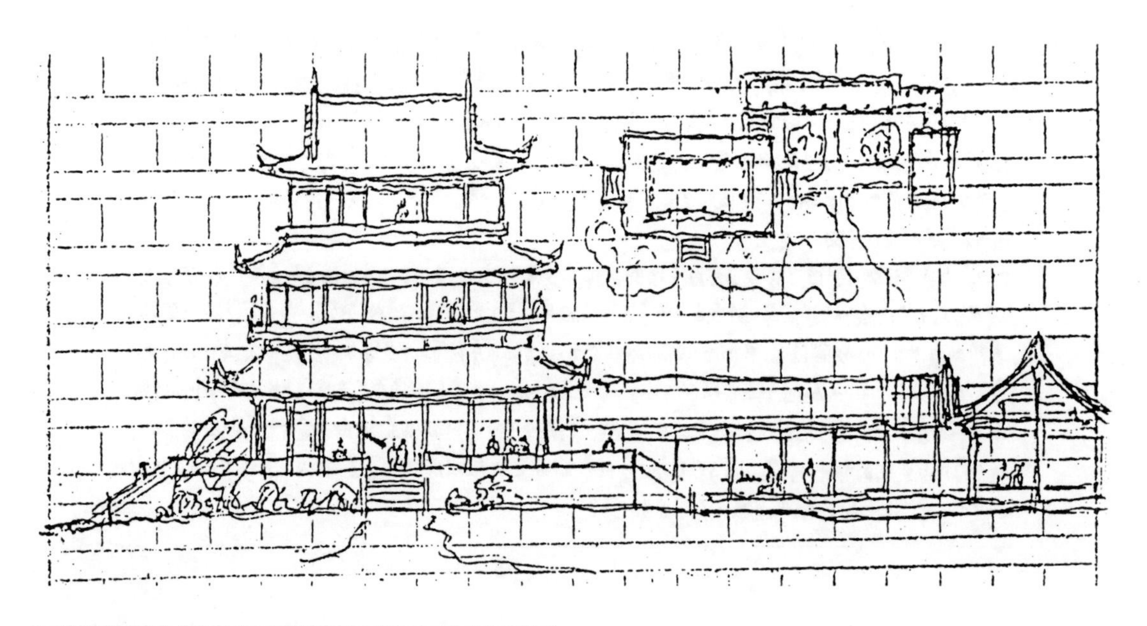

车金铭系广东省湛江专员公署副专员。此信由陈德让先生(湛江市建筑设计院总工程师)在该院档案室发现，并于1994年初将复印件交清华大学曾昭奋先生。曾先生将此件交清华大学建筑学院档案室保存至今——林洙注。

四、就两个方案的立面图来说，除上面建议改为长方形外，请考虑是否可作如下一些修改?

(a)给予较显著的地方风格。从总体轮廓到梁柱等构件的处理上看，这两个方案基本上采用了北方(特别是北京清朝官式样式)建筑风格。事实上，我国建筑一方面有其共同的民族特征，但同时各地又有其不同的地方风格。一般地说，南方建筑比北方的灵巧，柱、梁都比较瘦细、挺秀；屋角翘起较多。两个方案柱、梁的尺寸、比例，屋角的翘起，以及额枋上还采用故宫三大殿上额枋的装饰花纹，这些都没有什么广东味道。至于各层所用栏杆，不仅是宫廷气味重，而且那些石栏杆由于材料的特征所形成的形式，用在高处显得笨重，和它所处的位置不相称，应使接近木栏的比例，以免沉重之感。建议设计的同志多看些当地的传统建筑，推敲一下它们的形象和艺术处理的手法，最好还注意材料，结构对这些艺术手法的影响，抓住它的风格的特征，然后结合到钢筋混凝土的性能，做出恰好的形式。因此，

(b)可以把柱、梁、额枋、等等构件做得略瘦一些。只要瘦一点就可以使阁显得挺拔轻盈，要避免给人以笨重的印象。例如各层檐下的柱径与柱高之比，按图上量，约为1:10，若酌缩为1:11或1:12，就更近南方味。又如最上层柱头与柱头之间用双重额枋，那是宫殿上的做法，图上额枋不但比例肥短，双重，而且两重距离又近，就显得更加龙肿了。

(c)油漆的颜色和图案花纹也有其地方风格和阶级、等第的特征。宫殿、庙宇多借重色彩以显示其等第。在北方，由于冬季一片枯黄惨淡的灰色，所以一般房屋也用些色彩；而在园林风景区，更需要一些鲜艳的颜色，赋于建筑物一些生气。但在南方，四季常青，百花不谢，就无须使建筑的颜色与之争妍。南方民居和园林建筑一向沿用朴素淡雅的色调，是有其原因的。在炎热的暑天，过分鲜艳的色彩只能使人烦燥。桂林七星岩山岩上有一座大红柱子的亭子，远望十分刺目。我们这方案上没有注明颜色。在这问题上要十分注意。桂林七星岩的红柱应视作我们前车之鉴。

× × × ×

至于这两个方案，我冒味地提出下面几点具体建议。

(d)将正方形平面改为长方形，因为正方形一般比较难于处理，也不太适合于使用。此外并增加一些附属建筑，如上文所述。

(e)将须弥座台基简化为简单的方形石基，加宽一些，也许还可以加高一些。将官殿式的栏杆改为砖砌透孔的女儿墙。台基的梯步坡度应较室内楼梯坡度缓和，可做成每步13×32厘米或12×33厘米。

(f)除上文所说加长柱高与柱径之比例外，下层柱的绝对尺寸也可以加高一些。中层、上层的柱高则相对地递减。

(g)上两层周围的栏杆不要采用宫殿石栏杆的形式，不要做高大的望柱头，而要近似木栏杆的比例略如右图:

至于最上一层，建议把栏杆就安在柱与柱之间，不必在外环绕。在方案图上，只有约25厘米，还不到一只脚的长度，根本不能站人。

(h)内部和门窗也要注意民族和地方风格。楼梯栏杆可与外露台栏采取相似的形式。

(i)所有一切构件要避免“锋利”的棱角，如▢，

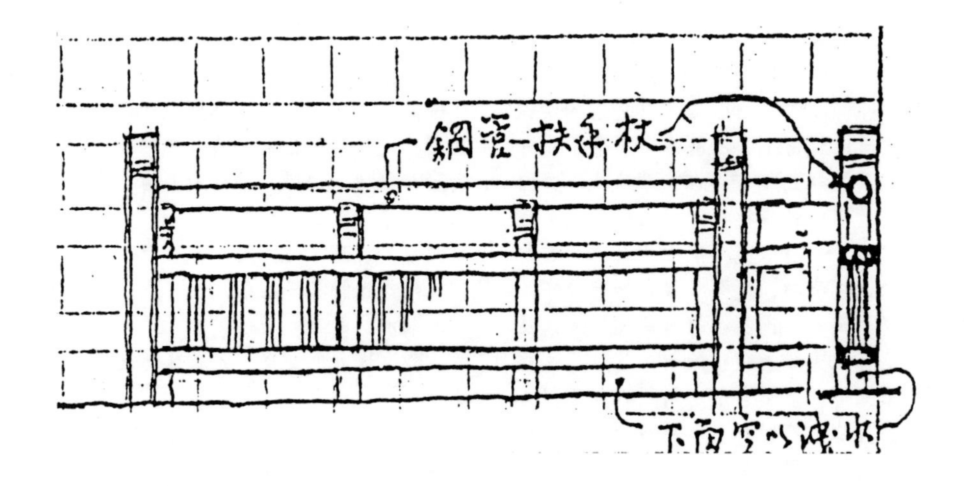

最好将角抹去一些，使断面成▢形，以免僵硬冷酷之感。这虽是细节，却是我国建筑和家具的很重要的(但很少受到注意的)特征。在这一点上，建议设计的同志们去一些古建筑和老式桌椅上去细致地看看，最好还用手去摸摸，便能体会这种细致微妙的处理对于视觉上的作用。

（j）要注意绿化的民族风格。这一点前年已谈过。不赘。

总之，我建议设计同志们在学习西方现代化的结构技术的同时，要多向当地民间建筑(由大型建筑到农村住宅)学习。我多少感觉到设计同志可能用了我三十多年前著的《清式营造则例》做参考。假使当真用了，我就不能辞其咎了。那是清代“官式”建筑的“则例”，用在南方或者用在“不摆官架子”的建筑上是不恰当的。我们这座阁要做得更富于地方风格和民间气息，要给人以亲切感，要平易近人，要摆脱那种堂哉皇哉摆架子的模样。

前年我在广西容县看到经略台真武阁。容县离湛江不过200公里，可算是同一地区。现在将拙著一份送上，聊供参考。

不忖冒昧，略抒管见，错误之处，尚祈指正。

此致

敬礼!

梁思成

1964年3月22日

建议设计的同志们去一些古建筑和老式楼房上去细微地看看，最好还用手去摸摸，体会体会这种细微微妙的处理对于视觉上的作用。

（丁）要注意绿化的民族风格。这一点前年也谈过。不赘。

总之，我建议设计同志们在学习西方现代化的结构技术的同时，要多向当地民间建筑（由大型建筑到农村住宅）学习。我多少感觉到设计同志可能用了我三十多年前著的《清式营造则例》做参考。假使当真用了，我就不能辞其咎了。那是清代"官式"建筑的"则例"，用在南方或者用在"不摆官架子"的建筑上是不恰当的。我们这座陈列馆要做得更富於地方风格和民间气息，要给人以亲切感，要平易近人，要摆脱那种堂哉皇哉摆架子的模样。

前年我在广西容县看到经略台真武阁。容县离湛江不过200公里，可算是同一地区。现在将拙著一份送上，聊供参考。

不揣冒昧，略抒管见，错误之处，尚祈指正。此致

敬礼！

梁思成

1964年5月22日

20×20=400 （日印） 北京市文化用品公司发行

刘敦桢致侯幼彬信

(1964年10月24日)

侯幼彬同志：

接本月九日来信已逾旬日，因近来参加社会主义教育的学习，并抽功夫整理“苏州古典庭园”旧稿，于十二月底送交建研院，因此迟至今天才写这封回信，希原谅。

您能南来参观实物，并访问杨廷宝、童寯、赵深、陈植等老前辈，了解过去建筑界情况，我认为是必要的[1]。对选择实例，搜集图样相片，帮助很大。文稿则希望能于本年十二月内，至迟于明年一月交出便可[2]。

图样数量我打算只画50幅，因过多不仅不符合“少而精”的原则，而且印刷费增加不能达到“人手一册”的要求。[3] 不过图样从选择资料，核对资料，构图，铅笔稿到上墨、写字，工作量相当大。估计每幅约需2周时间。50幅需100周。如有5位绘图员，每人画10幅，至少需4个月左右，方能完成这工作。[4]我打算明年春节后开始，画一个学期。人手方面，已有哈工、华南、南工三人[5]。清华建筑系因抽调十余人支援华侨大学、科委及外事工作，不能派人参加。我已函同济、天津、重庆[6]三校设法协助，尚无回信寄来。但不管有几人参加工作，我们总是如期着手努力完成预定的任务。

专复，并问

近好

刘敦桢

1964年10月24日

侯幼彬注释

[1]1964年3月，在南京召开的建筑史统一教学大纲会议上，成立了《中国建筑史》参考教材编写小组。由刘敦桢先生担任主编，同济大学喻维国、哈尔滨建筑工程学院侯幼彬、华南工学院陆元鼎分别参编古代部分、近代部分和现代部分。因为侯幼彬分工撰写中国近代建筑的章节，所以刘先生认为访问杨廷宝、童寯、赵深、陈植等老前辈是必要的。

[2]此处所说的文稿，指侯幼彬分工撰写的《中国建筑史》参考教材第二篇“中国近代建筑”的书稿。

[3]当时特别强调“少而精”，刘敦桢拟将全书插图控制到50幅。后来感到实在太少，放宽到80幅。

[4]刘敦桢先生治学严谨，对教材插图的图样选择、资料核对、构图推敲、画面表现都要求很高。从每幅插图准备安排2周的绘制时间，可以想见刘先生对教材编写的一丝不苟精神达到何等的高度。

[5]哈工，指哈尔滨建筑工程学院建筑系；华南，指华南工学院建筑系；南工，指南京工学院建筑系。

[6]天津，指天津大学建筑系；重庆，指重庆建筑工程学院建筑系。

侯幼彬(1932～)，福建福州人。1954年毕业于清华大学建筑系，现为哈尔滨建筑大学教授。主要著作有《中国建筑美学》、《中国建筑艺术全集·宅第建筑·北方汉族》等。

刘敦桢致侯幼彬信

(1965年1月5日)

幼彬同志:

周前接上海来信,欣悉一切。[1]只因正在开会,[2]未能奉复，祈原谅。

全国人代会于昨日闭幕。今天上午建工部教育局召开一个座谈会，讨论今后教材如何进行问题，到会的人有梁思成、汪坦、郑孝燮、毛梓尧[3]及杨廷宝等先生。大家一致认为目前正值建筑设计革命[4]与建筑教育革命刚开始的时候，建筑教育的专业设施(疑为“置”——编者注)与教学计划、教学大纲等须作大幅度的改革。原定本月内在南京召集的编审会议决计暂停(已送来的稿子，多数撤回矣)。[5] 待二三月间全国设计会议结束后，由教育局以公文传达会议精神，请各院校讨论酝酿，然后再开会研究今后建筑教学如何革命，会期大约在四、五月间。我们担任编写的中国建筑史教材及绘图工作，须等这个会议研究目的、要求后，再进行编写。[6]目前工作只能停止。待大家参加阶级斗争(四清)，提高认识后，再作计划(最好在今夏开会讨论新提纲，再写)。专此奉达，顺候

近祉

刘敦桢

1965年1月5日下午

侯幼彬注释

[1]1964年12月，因编写《中国建筑史》参考教材，侯幼彬带着刘敦桢先生写的介绍信,去上海等地访问前辈建筑师。这是刘先生收到侯幼彬寄自上海汇报调研工作进展情况的信。

[2]刘敦桢先生1964年当选为第三届全国人民代表大会代表，这个会指的是他在北京出席全国人代会。

[3]毛梓尧(1914～)，中国当代建筑师，上海人。1935年入万国函授学校(ICS)建筑工程系。1946年获甲等建筑师资格。历任华盖建筑师事务所设计员，中国建筑公司设计部工程师，东北工业建筑设计院、北京工业建筑设计院副总工程师，中国建筑科学研究院副总建筑师。

[4]设计革命，是毛泽东1964年11月发出的号召，由此引发了一场全国性的设计革命运动。这个运动旨在设计领域开展阶级斗争和两种思想、两条道路斗争，批判设计工作中所谓的“脱离政治”、“脱离实际”、“脱离群众”。建筑设计部门、建筑科研部门、建筑教育部门都开展了肃清“封、资、修”思想影响的斗争，不分青红皂白地反对建筑设计的“贪大求全”，“高、大、洋、古”，广大设计人员纷纷“下楼出院”，打乱了设计工作的正常秩序。建工部建研院的建筑理论与历史研究室被撤消，刘敦桢先生主持的“建筑理论与历史研究室南京分室”也随之解散。《中国建筑史》参考教材的编写，正好赶上这时候。在编写的指导思想、大纲修订和日程安排上都深受牵制。

[5]《中国建筑史》参考教材，原计划1964年底完成文稿，1965年1月在南京召开审稿会。因开展设计革命运动，教材编写大纲需作大幅度改变，编审会只好暂缓进行。已送交刘敦桢先生处的文稿，为免遭批判，多数执笔人都撤回原稿。《中国建筑史》参考教材的编写工作，从此停顿。

[6]《中国建筑史》教材编写工作停顿半年后，于1965年下半年又恢复文稿编写和插图绘制工作，到1966年3月，全书工作接近完成。预定6、7月讨论、修改，8月交出版社付印。未料，6月初爆发文化大革命，已经成型的《中国建筑史》参考教材终于未能问世。从1964年3月至1966年3月的两年时间中，刘先生为这部教材的编写，投入了很大精力。处于设计革命和“文化大革命”前夕的日子里，编写工作时断时续，教材大纲一改再改，刘先生在这样艰难的处境下，仍然为尽力写好教材而呕心沥血。“文革”开始后，刘先生就受到冲击，于1968年4月30日逝世。这部流产的《中国建筑史》参考教材的编写工作，可以说是刘先生从事建筑史学的最后一项重要活动。

幼彬同志：

週前接上海来信，欣悉一切。只因正在开会，未能奉覆，祈原谅。

全国人代会于昨日闭幕。今天上午建工部教育司招开一个座谈会，讨论今后教材改进问题，到会的人有梁思成、汪坦[1]、郭孝奕、毛梓尧及杨廷宝等先生。大家一致认为目前正值建筑设计革命与建筑教育革命刚开始的时候，建筑教育的专业设施与教[2]学计划、教学大纲等须作大幅度的改革[3]。原定本月内在南京召集的编审会议决计暂停。（已送来的稿子，多交搬回矣）待二、三月间全国设计会议结束后，由教育局以公文传达会议精神，请各院校讨论酝酿，然后再开会研究今后建筑[4]教学如何革命，会期大约在四、五月间。我们担任编写的中国建筑史教材及绘图工作，请等这个会议研究目的、要求后，再进行编写。目前工作只能停止。待大家参加阶级斗争（四清），提高认识后，再作计议。（最好在今夏开会讨论新纲领再写。）此事函达，顺候

近祉，

刘敦桢

1965年1月5日下午

侯幼彬同志：

接本月九日来信已逾旬日，因近来参加社会主义教育的学习，并抽空（大）整理"苏州古典园林"[1]旧稿，于十一月底送交建研院，因此迟至今天才写这封回信，希原谅。

您能南来参观实物，并访问杨廷宝、童寯、赵深、陈植等老前辈，了解过去建筑界情况，我认为是必要的。对选择实例、搜集图样相片，帮助很大。文稿则希望能于本年[2]十二月中，至迟于明年一月交出便可。

图样数量我打算只要50幅，因过多不仅不符合"少而精"的原则，而且印刷费增加，不能达到"人手一册"的要求。不过图样从选择实例、校对资料、构图、铅笔稿到上墨、写字，工作量相当大。估计每幅约需2周时间，50幅需100周，若有5位绘图员，每人（画）10幅，至少需十个月左右，方能完成这工作。我打算明年春节之前能画一二学期，人手方面，已有院工、华南、南工三人。清华建筑系因抽调十多人支援文教革命工作，不能派人参加。我已函同济、天津、重庆三校设法协助，尚无回信来。但望有几人参加工作，我们总要按期努力完成规定的任务。

专覆，并问

近好：

刘敦桢

杨廷宝致王伯扬信

(1974年3月30日)

王伯扬同志:

昨由安徽合肥蚌埠等地参观调查医院建筑归来，接读三月十四日来函并收到《综合医院建筑设计》[1]新印本五十册，将由“医院”编写小组正式复函，并将抽出六本交齐康同志留一系应用如嘱。这次如期印完，充分表现了工作效率，是值得赞扬的。未识建研院和卫生部王霖生医师处已分别各赠有样本否?我想他们都是很关心的。《医院》写作小组的工作，因为一则人员调配的迟缓再则运动中许多地方未能接待，多少受到了一些影响。三月十二日葛贤钧同志方来报到，我们全组曾于十八日，前去合肥巢县蚌埠跑了一圈，并拟下月上旬到上海一带调查收集资料截至刻下，各方都很支持这项工作，已收寄来的蓝图约七八十份，另外还有各种建议的函件；看来收集出版设计技术资料，总是会受到群众的欢迎的。

现在有一个问题还不够明确，例如《苏州园林》将来出版究竟是面向国内抑面向国外，若是对内作为资料则文字措辞就必须写进不少批判的语气；若对外发行又重点得宣扬劳动人民的创造。二者兼顾实不容易。至于畲版数量甚大，印刷成本亦成问题。我们这本《综合医院建筑设计》多少亦有类似的问题，况且运动尚在进行中，卫生工作的前途有哪些变动现在尚无把握，我们准备写一章就初步打印一部分，送出各有关方面征求意见，广泛走群众路线，经过几次修改，可能问题少一点，这样看起来，时间会拖欠一些，好在已经有了这次再版来补这个空子。出版社若有任何意见亦盼随时示知是荷。专此顺复

并祝 出版社各位同志健康!

杨廷宝

74.3.30

王伯扬注释

[1]杨廷宝先生在承担繁重的教学、设计、行政工作之外，还非常重视科研。50年代后期至60年代前期，他在任南京工学院副院长期间，曾亲自率领南京工学院公共建筑研究室人员，对全国综合医院进行了大规模的调研，著有《综合医院建筑设计》一书，1964年由中国工业出版社出版。1973年，鉴于当时医疗技术的进步(如“高压氧舱”的应用)以及农村医疗网的发展，中国建筑工业出版社又特邀杨廷宝先生重新编著《综合医院建筑设计》。面对文革后期机构撤消，人员流散的情况，杨廷宝先生白手起家，招罗旧部，在南京工学院院系两级领导的有力支持下，重新开始了艰辛的医院调研，并于1976年10月完成了新一版的《综合医院建筑设计》的编著工作。

杨廷宝(1901~1982)河南省南阳人。1915~1921年在清华学校读书，1921年留学美国入宾夕法尼亚大学建筑系，1924年获该校硕士学位，1927~1948年在基泰工程司主持建筑设计工作。1940年起兼任中央大学建筑系教授。解放后，历任南京工学院教授，副院长、建筑研究所所长。中国建筑学会第五届理事会理事长，1957年和1961年连任两届国际建筑师协会副主席。1955年当选为中国科学院技术科学部学部委员。

王伯扬(1937~)，1960年毕业于南京工学院建筑系。长期从事建筑书刊编辑工作。曾任中国建筑工业出版社副总编辑，现任《建筑师》杂志主编、编审。

这是杨廷宝先生就编辑出版《综合医院建筑设计》一书给中国建筑工业出版社编辑王伯扬同志的四封信。信中除述及编著《医院》的有关问题外，还谈了一些对出版《苏州古典园林》(南京工学院刘敦桢著)的想法。从这些信中，我们可以看出，在“四人帮”横行时期做些研究工作乃至出版学术著作有多么艰辛困苦。

最高指示

领导我們事业的核心力量是中国共产党。
指导我們思想的理論基础是馬克思列宁主义。

南京工学院革命委員会

王伯扬同志：

昨由安徽合肥蚌埠等地参观调查医院建筑归来，接读三月十四日来函，并收到《综合医院建筑设计》新印本五十册，将由“医院”编写小组正式复函，并将抽出六本交齐康同志留一系应用的吧。这次如期印完，充分表现了工作效率是值得赞扬的。未识建研院和卫生部王霖生医师处已分别各赠有样本否？我想他们都是很关心的。

杨廷宝致王伯扬信

(1974年8月8日)

伯扬同志：您好！

现在我们把医院建筑的增订初稿的第一章关于总体布置、第二章门诊部，第三章住院部及第八章新增的建筑设备另包由邮寄给您一份请您在百忙之余翻一翻，多提意见，以便作进一步的修改，刻这里条件困难既不能打印亦未便刻蜡版，只得大家写在硫酸纸上晒蓝图而还得自己参加劳动。

原书内所示的标准定额均已过时，而迄今卫生部尚未订出新的定额，使今天的写作无所依据是一个困难；而国家建委的结构规范至今亦未公布，所以我们对于结构那一章也还无法进行，未识您那里是否知道何时可能公布。

南京照像纸奇缺市面买不到，许多像片这次未能附上，我意将来出版时是否亦宜多采用墨线图而少用像片，效果比较有把握，您以为如何。

请您审阅中的意见即直接写在蓝图上便于修改时查考是为至盼。此致

敬礼！

出版社各位领导及其他同志均好！

杨廷宝

8.8

杨廷宝致王伯扬信

(1974年11月27日)

王伯扬同志:

顷收到十一月二十五日来信及所附《工业与民用建筑结构荷载规范》和《钢筋混凝土结构设计规范》各一册至感。关于《综合医院建筑设计》一书的增订起稿当中的存在问题，曾作了些初步交谈，这次承您劳步访问了卫生部财务基建司，看起来要想等该部制订新的标准定额是赶不上当前的急需的，而我们借调帮忙的人员，也未便长期拖下去，总得找到一个从权处理的办法，建研院要我参加“研究建筑领域儒法斗争座谈会”，将于12月2日报到，届时我想和有关各方面共同寻找一条出路，余待面谈，忽此

顺候

身体健康!并候

出版社各位同志均好!

杨廷宝

74.11.27

王伯扬仝志:
顷收到十一月二十五日来信及所附《工业与民用建筑结构荷载规范》和《钢筋混凝土结构设计规范》各一册至感. 关于《综合医院建筑设计》一书的增订起稿当中的存在问题, 曾作了些初步交谈. 这次承您劳步访问了卫生部财务基建司, 看起来要想等该部制订新的标准定额是赶不上当前的急需的. 而我们借调帮忙的人员, 也未便长期拖下去, 总得找到一个从权处理的办法. 建研院要我参加"研究建筑领域儒法斗争座谈会", 将于12月2日报到, 届时我想和有关各方面共同寻找一条出路. 余待面谈忽此顺候
身体健康! 并候
出版社各位仝志均好! 杨廷宝
74.11.27

徐中致布正伟信

(1977年1月20日)

正伟同志:

一月八日来信已收到。两次由欧阳植同志送来的桂元肉、白木耳及治疗肺气肿的药方，足见你对我的关怀，感激非常。由于我素性疏懒，未能及时致函道谢为歉。

我们一别已经快十年了，听说你在离校后工作尚顺利，不胜欣慰。希望你能在今天揪出“四人帮”的大好形势下，更加努力学习，努力工作，谦虚谨慎，一定能够在今后的工作中，做出更大的成绩。

近年来我的健康状况，大不如前，已经有一年多不上班了。我本来多年就有高血压和心绞痛病症，但不甚影响工作。最近肺气肿哮喘病非常突出，稍一走动，就喘不过气来，一年四季如此，而以冬季尤甚，所以只能在家静养，也不断服用各种药物治疗，但收效甚微，不过我始终抱着既来之则安之的态度，思想上没有负担，希望能通过内因来克服我的疾病。

关于批判姚文元的美学观点问题，系里也收到学报来信组稿。我想如果要写批判文章，主力也要依靠中青年了，当然我也可以提些意见，建筑学专业是否组织写稿，至今尚未决定。

余不一一，顺致

敬礼!

徐 中

1977.1.20

正伟同志：
一月八日来信已收到。两次由欧阳植同志送来桂元肉、白木耳、及治疗肺气肿的药方，足见你对我的关怀，感激非常。由于我素性疏懒，未能及时致函道谢为歉。
我们一别已经快十年了，听说你在离校后工作尚顺利，不胜欣慰。希望你能在今天揪出了“四人帮”的大好形势下，更加努力学习，努力工作、谦虚谨慎，一定能够在今后的工作中，做出更大的成绩。
近年来我的健康情况，大不如前，已经有一年多不上班了。我本来多年就有高血压和心绞痛病症，但不甚

徐中（1912~1985），江苏常州人，1935年毕业于中央大学建筑系，1937年获美国伊利诺伊大学建筑硕士学位，时任天津大学教授。

布正伟（1939~ ），湖北安陆人，1962年毕业于天津大学建筑系，徐中为其硕士研究生导师，现任中房集团公司建筑设计事务所总建筑师。

杨廷宝致王伯扬信

(1977年2月5日)

王伯扬同志:

久未通讯，想必诸凡顺适为祝为颂。兹由卷中找出来卫生部计划财务司刘美亭局长于1975年8月11日给我来的信，内中有关于编写《综合医院建筑设计》一书所提的几条参考意见，特照抄一份如下，在您的工作过程中，或能有点用处:

①建议本书多介绍现有医院，在分析中避免硬性结论。对过去未正式颁发的内部参考标准(如卫生部计财司城乡医院建筑规范草案，因制订时间较久，且存在不少问题)请不要附录，也不要举例。

②贯彻自力更生，艰苦奋斗、勤俭建国的方针。不推荐不成熟的新技术(如大型高压氧舱); 过去建了而现在不用或很少用的东西(如泥疗室，入院处理发室等)要加以说明; 专科医院的资料要有分析; 不把设想与实例同表并列; 最好不介绍国外资料。

③门诊、病房的房间尺寸，尽量通用，向标准化发展。

④对县以下医疗设施(如县医院、公社卫生院)多做些调查、下点力量，单独写一章。

⑤随着医疗技术的发展，医院下水成份日趋复杂(如同位素的应用)对环境污染也愈严重，已引起有关部门重视。希望在这方面做点工作，推荐一些可行的处理办法。

⑥在前言或合适的地方，提一下使用书中资料应注意的问题，如只供参考，不做标准规范，因地制宜，避免大洋全等。

专此，顺致革命敬礼!并希代候杨社长及其他各位同志春节快乐!

杨廷宝 启

1977.2.5

再者陈励先同志前曾发高烧五六天刻尚在家休息知注并闻 (39℃)，又及

喻维国致武汉市城市规划设计院黄鹤楼工程设计组信

(1977年9月27日)

今年六月二十五日，你们寄同济大学的设计方案早已见到了。我们经过传阅，开了座谈会。讨论的意见已于9月7日寄给你们。当时，没能细看。这次我出差北京参加中国建筑技术史编审工作，利用空余时间看看，也请来自各地的同志发表一些意见。现在，我就个人的意见，也包括同志们的意见，一并写在下面，供你们参考。

一、大家一致认为，建筑造型很不理想。按同治年间的形式设计，是设计中的一个障碍。它对形式、结构、功能都带来了矛盾。不在这个问题上突破，就对工程带来致命的弱点。单从形式上来说：

(1)黄鹤楼是中国古代的名楼。重建黄鹤楼必须表达中国古代建筑的特征，反映中国古代建筑的优秀传统。修建同治年间的黄鹤楼达不到这个目的。

(2)伟大领袖和导师毛主席在1927年曾登临黄鹤楼故址，并写下了光辉词章《菩萨蛮·黄鹤楼》，但毛主席诗词内容与八角亭式毫无联系。

(3)当有人向毛主席汇报按老黄鹤楼样子恢复八角亭式时，没有汇报历史上黄鹤楼建筑形式的变迁情况，更没有指出所谓老黄鹤楼八角亭式是指近代建筑，并不是什么历史文物。毛主席1956年指示说：“应当修，这是历史文物。”

二、再从同治年间八角亭式来分析：

(1)这种形式基本上是塔式。虽然局部也有它的特点，但总的看，它是一个孤立和高耸的建筑物。以这种形式看，我们有不少优秀的例子，所以说，形象并不特殊。

(2)同治年间的黄鹤楼已失去了中国古代建筑的特征与传统，如设计说明中所说：“三层柱子不内收也是少有的，为此我们也不拟内收”。其实，柱子有收分、侧角、卷杀是中国古建筑一贯的传统，同治年间的三层柱子不内收，正说明了是简陋的做法，不足为取。

(3)同治年间的黄鹤楼只存在16年(公元1868～1884年)。在时间上也是极短暂的。

三、我们现在是重建黄鹤楼，不是维修，不是修复，不是复原。因此，照搬哪一个形式都是不合适的。在当今创新时，我们要更好地体现毛主席《菩萨蛮·黄鹤楼》光辉诗词的精神，体现我们时代的精神。历史上的黄鹤楼也是一直在变，仅从现存的资料来看，也不尽相同。当然，有的也可能是想像画，并非现实，但多少也反映了当时的时代特征。我们重建也要有我们时代的特征。

就形式来说，宋画黄鹤楼肯定是最有价值的参考资料。而且这种形式仅见于宋画。类似的实物已不复存在，河北正定隆兴寺摩尼殿为单层殿宇，造型上四出抱厦，有似宋画。宋画黄鹤图是历史名画，它表现了宋代楼阁建筑的绚丽多姿特征。这画不仅在绘画史上，而且在建筑史上也有重要地位。名建与名画相吻合。借鉴这种形式有重要意义。

1955年以前的复古主义倾向，一切都是以清工部做法与宋法式为标准，如斗栱、彩画，大屋顶等，还有重庆大礼堂，外形照仿北京天坛，因柱子太多，影响视线，室内空间与声学发生矛盾，不少地方听不清，不足取。好的也有，特别是1959年国庆十周年前夕建成的一批大建筑，都从中国古代建筑中吸取了优秀的传统和处理手法，有中国民族的特点，有中国的作风与中国的气魄，为人民所喜闻乐见。当然，重建黄鹤楼又有它的特殊性。黄鹤楼是历史名楼，要带有更多的历史上的痕迹。现存的中国古建筑，都可以参考。这样就可以突破现有的框框，有所创造，有所前进。

可以肯定地说，重建黄鹤楼，用现存的技术与材料，完全建成过去的样子是不可能的。我们也千万不

喻维国(1932～)，1957年毕业于同济大学建筑系，留校任教，1983年升任副教授，1990年移居美国。

要把它建成像南京的原金陵大学、上海的原圣约翰大学以及武汉的武汉大学一类的东西。那些只是半封建半殖民地时代的产物，不足为训。那样，在屋檐下悬挂几只斗栱，与柱子，额枋没有关系，把屋角生硬地翘起来，就算了事。因为那时对中国建筑史的研究还没有开始，人们对传统建筑的认识还仅是表面的。以今天来说，北京民族文化宫、中国美术馆、农展馆等的设计方法，可能有更多可取之处。

以上仅谈些概况，下面就图纸谈一些具体看法：

(1)在总平面上，选址离长江过远了些。

(2)过于强调平面布局上的主轴线，有失风景区自由布局的传统特点。

(3)诗词碑应放在黄鹤楼大厅之正中，不必另设碑亭。

(4)《水调歌头·游泳》碑可在长江大桥附近另外选址建立，不必在黄鹤楼中设立。

(5)小碑亭(大门)位置仰望黄鹤楼角度大。

(6)廊应随地形略有曲折。

(7)单体建筑八角的抹角部分，回廊变窄，廊宽不一致，后面受阻，走不通，不合传统处理手法。

(8)屋顶复杂，排水似有问题。最上八角沿尖顶瓦挂排列似有误。

(9)宝顶部分造型欠佳，可改为地方风格，但外轮廓没有力。顶小屋脊同正吻与起翘相同，不合理。

(10)斗栱是中国古建筑的特有构件，设计者有意对斗栱以革新处理，采用外施斗栱方式，斗栱形式则不受宋清法式所限，以形似而简化为主的原则，但对斗栱也要有一个认识，不可随意乱改，这样要出笑话。如护斗不在柱头上，而设在柱子外边耍头上；下昂做成水平的，全栱做成曲折的；四角部分，斗栱方向各异等等。简化要采取慎重态度。

(11)室内中间部分层高过高，空间浪费。夹层部分层高过低，不合用。外观与室内空间处理有矛盾，不一致，形式与内容不符合，外栏干与腰檐过近，比例不称，各层外廊仅宽五六十厘米，不符合凭栏远眺要求。室内斗栱不合理。

(12)建筑装修，用料等均过于华丽，不符合勤俭节约的原则。

为了反映我们中华民族的悠久历史和灿烂文化，并使我们的悠久文化传统能有所发扬，使这座具有历史意义和艺术价值的名楼，建造得比历史上任何时代的都更加完美，建议可以多做些比较方案，不要急于求成，也可以更广泛地发动群众，发动各单位一起做方案进行交流、综合。

今年三月份，我曾写了一份关于重建黄鹤楼的意见，寄国务院办公厅，不知你们见到没有？

以上所说，错误之处，请指正。

敬礼!

喻维国

1977年9月27日于北京

杨廷宝致汪定曾信

(1978 年 1 月 4 日)

定曾同志:

南工出版的《建筑制图》已由齐康同志寄上，谅收阅。转来我们在桂林叠彩山上拍的壹幅纪念小照，捧阅之下顿觉复临其境。您还记得么，我们大家读悬崖上的两首诗，我曾抄下来，是1963年一月二十九日朱德总司令写的，其词云:“徐老老英雄，同上明月峰，登高不用杖，脱帽喜东风”。时徐老已87岁。接下去是徐特立步朱总韵:“朱总更英雄，同行先登峰，擎云亭上望，滴水来春风。”其后，咱们同游不是也续了一首么?其词云:“各位亦英雄，同来登高峰，读了二老诗，更好做工程。”附录于此，以资一笑。专此并祝新年诸凡顺适身体康健!

阖府均吉!

廷宝

1978.1.4

定曾同志，
南工出版的建筑制图已由齐康同志寄上谅收阅，转来我们在桂林叠彩山上拍的壹幅纪念小照，捧阅之下顿觉复临其境。您还记得么，我们大家读悬崖上的两首诗，我曾抄下来是1963年一月廿九日朱德总司令写的，其词云“徐老老英雄，同上明月峰，登高不用杖，脱帽喜东风”。时徐老已87岁。接下去是徐特立步朱总韵：“朱总更英雄，同行先登峰，擎云亭上望，滴水来春风”。其后咱们同游不是也续了一首么？其词云：“各位亦英雄，同来登高峰，读了二老诗，更好作工程”。附录于此以资一笑。专此并祝新年诸凡顺适身体康健！
阖府均吉！
廷宝 1978.1.4

南京工学院

第 页

一九五 年 月 日

定曾仁兄大鉴：日前过沪，备蒙招待，参观大作，获益非浅，并聆盛馔，无以鸣谢。时光易过，故人星稀，难得机缘，促膝话旧，亦自乐事。如有公干莅宁，尚希拨冗续谈。耑此顺候
刻佳，并问
嫂夫人安好
弟 廷宝 上 四月十五日

地址：南京四牌楼　　电报挂号：〇五一五

杨廷宝给汪定曾另函，特刊于此，供读者欣赏杨老墨宝——编者注。

汪定曾(1913～　)，湖南长沙人，1937年获美国伊利诺伊大学建筑工程学士学位，1938年获硕士学位。曾任上海民用建筑设计院副院长兼总建筑师、上海城市规划建筑管理局总建筑师。

郑孝燮致陈云信

(1979年2月4日)

陈云副主席:

听说北京即将拆除一座明朝建筑——德胜门箭楼。为此建议，请考虑对这类拆毁古建筑的事，应迅加制止。

(一)北京是个历史悠久的世界名城，风景名胜较多，特别是古建筑更是独具风格。目前，除加强保护好城区和郊区的风景名胜外，还需要考虑在整个城区和郊区也能适当保留一些中小型的风景文物。这些中小景物应同北京风景名胜的主体风格取得谐调或有所呼应。德胜门箭楼是现在除前门箭楼外，沿新环路(原城墙址)剩下的唯一的明朝建筑。如果不拆它并加以修整，那就会为新环路及北城一带增添风光景色。

(二)德胜门箭楼位于来自十三陵等风景区公路的尽端，是这条游览路上唯一的、重要的对景。同时它又是南面什刹海的借景，并且是东南面与鼓楼，钟楼遥相呼应的重要景点。不论在新环路上或左近的其它路上，它都可以从不同的角度映入人们的眼帘。在新建的住宅丛中，夹入这一明朝的古建筑，只要空间环境规划好、控制好，就能够锦上添花，一望就是北京风格。从整个北京城市的风景效果来看，保留它与拆掉它大不一样。

(三)拆除这座箭楼，可能是出自交通建设上的需要。但是巴黎的凯旋门并没有因为交通的原因而拆除，这很值得我们参考。风景文物是“资源”，发展旅游事业又非常需要这种“资源”，因此是不宜轻易拆毁的。

(四)破坏风景名胜有两种情况：一是拆或改。二是不拆，但在周围乱建，破坏空间环境，喧宾夺主或杂乱无章，如北京阜内白塔寺(1096年辽代建，1271年元代重修)就是一个教训。国外如日本在这方面是有严格限制的，欧洲有些城市把上百年历史的建筑也列为保护对象，为旅游服务。我们的城市规划、文物保护、园林绿化工作，迫切需要有机配合，共同把风景名胜保护好；并且应由城市规划牵头。

(五)像德胜门箭楼的拆留问题、白塔寺附近的规划建设问题，可以请有关单位组织旅游、文物、建筑、园林、交通、城市规划等方面的领导、专家、教授座谈座谈，听听他们是什么意见。

仅此建议，如有错误请指示。谨致

敬礼!

全国政协委员 **郑孝燮**

一九七九年、二、十四

袁镜身注释

北京德胜门城楼位于二环路德胜门南北大街的中间。从50年代起，北京市总体规划中，为了德胜门南北大街的畅通是决定要拆除的。后来，在将要实施的时候，1979年2月14日全国政协委员、国家建委城市建设总局总建筑师郑孝燮同志，给中共中央副主席陈云写了这封信。

这封信陈云副主席批转给当时国务院副总理谷牧。谷牧又将此信批转给我(袁镜身时任中国建筑科学研究院院长——编者注)，召集有关人员征求意见。我于1979年3月初在中国建筑科学研究院，召集了国家文物局副局长彭则放、文物专家罗哲文，北京市规化局局长周永源，建筑科学研究院总建筑师戴念慈、王华彬，林乐义等开会讨论。

讨论中，大家都认为郑孝燮同志的建议很重要。原来北京古城的城墙，城楼都很壮观，特别是西直门城楼和它的内外环境，尤为完美。但可惜都已拆掉，留下深切的遗憾。现在仅保留前门箭楼也显得太少。德胜门城楼，虽然已不完整

郑孝燮（1916～　），辽宁省沈阳人，1942年毕业于中央大学建筑系后即从事建筑师业务。1949年后、曾任清华大学副教授、国家建委城建局总建筑师、建设部城市规划司技术顾问等职。现任国家历史文化名城保护专家委员会副主任、中国城市规划设计研究院高级顾问。

(瓮城早已拆除)，但保留下来，对于北京的古都风貌，仍是一景。

1976年7月唐山地震时，德胜门城墙和城楼有许多地方裂缝和损伤，要保留需要进行加固和整修，否则难以保留。据文物局估算，大约需化30万元的费用。我问彭则放副局长此费文物局能不能解决?他说，国务院一年给文物局的经费有限，用30万没有这个能力。建议我写报告给谷牧副总理另行解决。会后第二天，我将开会的情况和整修城楼所需用费用，详细向谷牧副总理写了一份专门报告。

过了两天，谷牧打来电话，说报告已经看过，并邀了北京市建委主任佟铮、规划局局长周永源和我一同到德胜门去察看，佟铮同志还带了一张北京市总体规划图。那天，我们从东南城角一起登上城楼，从城墙到城楼的一层、二层仔细察看了一遍。果然损伤严重。

后来，谷牧副总理专门批了30万元费用，由国家文物局进行加固和维修，德胜门南北大街道路改为由城楼东西两侧绕行。这样，这座德胜门城楼便保留下来。

这座德胜门城楼古建筑的保留，郑孝燮同志的信起了重要作用。

国家基本建设革命委员会 建筑科学研究院

陈云付主席：

听说北京即将拆除一座明朝建筑——德胜门箭楼。为此建议，请考虑对这类拆毁古建筑的事，应迅加制止。

(一)北京是个历史悠久的世界名城，风景名胜较多，特别是古建筑更是独具风格。目前除加强保护好城区和郊区的风景名胜外，还需要考虑在各个城区或郊区也能适当保留一些中小型的风景文物。这些中小景物应同北京风景名胜的主体风格取得谐调或有所呼应。德胜门箭楼是现在除前门箭楼外，沿新环路(原城墙址)剩下的唯一的明朝建筑，如果不拆它并加以修整，那就会为新环路及北城一带增添风光景色。

刘致平致高介华信

(1979年4月24日)

介华同志:

接到您的大札，因头昏未愈未即作复，现在尚难正式工作。你说的提纲[1]一事我未收到，想是邮递有误。不过此事不忙，我很不敢提甚意见。这不是客气，只有等以后完全病愈再谈了。

我也很关心黄鹤楼复原事[2]。我以为，毛主席既然要恢复古黄鹤楼[3]，那只有按宋人画的黄鹤楼图[4]来修复。这份图样不愧是我国唐宋时的古代建筑形式。而清朝的黄鹤楼[5]则是清朝可能是清末的式样。古黄鹤楼的重檐、朱栏、红楼、四闪、高台、……等全可以表示出我国古代建筑的特点、优点。所以，我以为宜按此古黄鹤楼图来修复，能看出我国古代文化的面貌，以及当时社会生活的一些情况……等等。

我的建议可能晚了，也只好姑妄言之!

我另一不成熟的想法即是先修新黄鹤楼，但宜留出足够的地位，以后再修“古黄鹤楼”。这样，时间可以充裕些。那时，新黄鹤楼不妨另起佳名，未为不可。

我忽然想起此事，放心不下，所以略写数行，以资谈助。不多写了。此致

敬礼

刘致平

1979年4月24日

北京市电车公司印刷厂出品 77.7 (1465)

1

刘致平（1909～1995），字果道，辽宁铁岭人。1928年入东北大学建筑系，1932年毕业于中央大学建筑系，1935-1946年任中国营造学社法式助理，研究员。1946年以后任清华大学教授，中国建筑科学研究院研究员。

高介华(1928～)，湖南省宁乡县人，1950年毕业于国立湖南大学工学院土木工程学系建筑学专业。现任《华中建筑》杂志主编，教授级高级建筑师。

高介华注释

1978年7月，我奉本院(中南建筑设计院)指示，并为贯彻黄鹤楼筹建办公室的设计意向，携带设计方案赴北京，由建工部科技司组织原部设计院总建筑师林乐义等人、以及中国建筑科学研究院建筑历史及理论研究室专家，分别座谈，提出意见。并又到北京市建筑设计院、清华大学、国家文物局征求意见，还单独走访了刘致平先生。尔后，刘先生对重建黄鹤楼的设计极为关切，多次给我写信，提出许多建设性意见，这是其中有代表性的一封。

(1)这里提及的“提纲”是指高介华于1979年2月在给中南建筑设计院领导干部所作《中国建筑发展概说》讲座教材的“提要”。

(2)这里提及的“复原”实际上是重建。1956年经武汉市委指示和批准，成立了“武汉市黄鹤楼重建委员会”，并由武汉市城市建筑设计院提出重建设计方案。1978年5月，武汉市委宣传部邀请了一些设计单位，重行广泛征集方案。应征方案20个，经三轮评议，中南建筑设计院方案中选，并进行设计。兴建历经五年，于1985年6月落成。

(3)毛泽东于1927年春登上黄鹤楼所在的黄鹄山，写下了著名的《菩萨蛮·黄鹤楼》(“茫茫九派流中国，沉沉一线穿南北。……”)一词。1957年9月初，毛主席视察武汉长江大桥(一桥)时，在与陪同的领导同志谈话中，特别问起了黄鹤楼。当陪同的同志说：“黄鹤楼因修大桥拆了(拆的是奥略楼，黄鹤楼已早毁—— 高介华注)，正在计划重修”时，毛主席接着说：“应当修，这是历史古物。”

(4)刘致平先生在这里指的“宋人画的黄鹤楼”建于何时，此画出自何人手笔，皆无考。此画原作现存北京故宫博物院。北宋历时165年，其间黄鹤楼当有毁、建、修。从此楼之规模、形制和富丽看，应非宋初之作。宋徽宗好土木、园林、绘画，是否为斯代作品，可聊备一说待考。北宋黄鹤楼或毁于北宋末年金人南侵之时。南宋时期楼仅存遗址。有陆游《入蜀记》可证。

(5)这里说的“清朝的黄鹤楼”系指清代兴建的最后一座黄鹤楼。此楼建成于清同治八年(1869年)，光绪十年(1884年)毁于火。原照系姚传安收藏，曾刊发于《华中建筑》1984年第3期。

宋画黄鹤楼

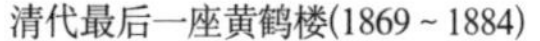

清代最后一座黄鹤楼(1869 ~ 1884)

1985年6月重建落成的新黄鹤楼

陶逸钟致高介华信

(1980年2月4日)

介华同志：

来函及附件均收到，我和王华彬同志均作了小量修改[1]，附内寄回，请查收，是荷。

会后即出差，未得晤面，憾甚。

再有两个不成熟的意见[2]提供参考。

(1)倘采用十字脊四面歇山方式[3]，就和故宫的角楼顶部相似，比较简单大方。同时，中间部分还可以采用新型扭壳结构做承重屋，比一般梁板结构要轻得多。而外形还可以做成古建的形式，正所谓外为中用，古为今用了。

(2)与此同时对您提出的汉口古庙采用牌楼的特点，我建议不要放在顶部去。可以在第一层入口处加上一点，表示出汉口的特点也未尝不可[4]

以上意见考虑得很不成熟，仅供您在进一步考虑问题时作参考。

如有机会来京时可约期晤面。 耑此

即致

敬礼

陶逸钟 启

二月四日

王书记、陈院长[5]均此致意，不另。

高介华注释

[1]这是陶逸钟(和王华彬)先生对重建黄鹤楼设计提出具体修改意见后的作复，信中反映了陶、王两先生对该楼设计的具体处理意见。这里说的“修改”是指1979年12月6日在国家建委举行的重建黄鹤楼设计方案(由中南建筑设计院提出的两个方案)专家审议座谈会和1979年12月8日国家建委设计局召开的有关黄鹤楼设计方案讨论会上，陶逸钟、王华彬两位总工程师的发言(经高介华记录并整理)请其过目审定时，两位先生所作的订正。这些意见已先后公开发表于《华中建筑》1988年第1期和《南方建筑》1989年第2期《建筑·文物·园林界专家谈黄鹤楼设计》一文中。

[2]“意见”是指对重建黄鹤楼设计方案的意见。

[3]这里第1条是针对审议的两个方案中的第8号方案而言。该方案的构思及造型是以明代黄鹤楼为蓝本，在屋顶部分沿用了明代黄鹤楼的大小十字脊形式。

[4]这里的第2条意见是针对审议的两个方案中的第7号方案而言。该方案的平面及造型取法于清代黄鹤楼。

[5]“王书记”指中南建筑设计院当时的党委书记王纯一，“陈院长”指当时的陈泽之院长。

国家建筑工程总局

介華仝志：
来函及附件均收到我和王華彬
仝志均作了小量修改附内寄回请
查收是荷。
会后即出差未得晤面甚憾
再有两个不成熟的意见提供参考
①倘采用十字脊四面歇山方式就和
故宫的角楼顶部相似比较简
单大方。同时中间部分还可以采用
新型扭壳结构做承重屋比一般
梁板结构要轻得多而外型还可
以做成古建的型式正所谓外为
中用古为今用了。
②与此同时对您提出的漢口古庙
采用牌楼的特点我建议不要放在
顶部去可以在第一层入口处加
上一点表示出漢口的特点也未尝不可。

陶逸钟，原建设部建筑设计院总工程师。

贺业钜致高介华信

(1980年2月26日)

介华同志:

本月十三日来信收到了，谢谢你大力支持，又为我渡江亲去湖北出版社洽谈。从来信看，该社还有考虑的可能。我拟遵嘱日内即写份“编写说明”并附章节目录[1]直接寄给该社科技组郑津舟同志，提供他们研究。“说明”当按照前缄所述要求，逐一说明。原稿因京中友人还未看完，昨天已催了他们，争取尽早寄出，免失时机。如何寄为妥?还想和你研究一下。一个办法是我迳寄科技组，另一个办法是托请你费心(仍邮寄)转。因我又来不及录副本，原稿只此一份，故不得不郑重些。只是又来麻烦你，委实不安。希望你为我考虑，那个办法较妥当?因湖北情况，该社情况我都不熟悉，希示。关于审稿问题，北京科学出版社等规定都可由撰稿人提出来，应请那个单位或那些人审稿。不知湖北是否如此?我打算寄“编写说明”时，将提出审稿问题。照单[2]意，除请湖大审外，另增加北京两人。一为(原建研院副院长)中国建筑学会总会顾问汪季琦，一为中国建筑学会建筑历史学术委员会主任单士元。未审单[3]意以为如何?

这次定稿时，与京中朋友研究，决定将“附录”减少，抽出一篇“《周官》王畿规划初探”，将来另行发表。这样，字数又减去近4万字。图样正在找人帮忙制绘。

我为了说明这个专著某些(并非全部)学术论点，已采取了一个辅助办法。一个论点写篇论文，用大量论证来说明这一论点的由来。这些论文，即分别在各学术刊物上先期发表。例如，我曾提出周代(这一论点，过去也曾发表过，但不详细)两次城市建设高潮是我国古代城市规划体系奠基和发展的关键。为着说明这个论点，我专写了一篇《试论周代两次城市建设高潮》(也是学术委员会的约稿)，已交“建筑史学术论文集”发表。同样，为了论证我提出的，唐宋市坊规划制度改革是促进我国后期封建社会城市规划新体制诞生的转折关键，因此，曾写了一篇《唐宋市坊规划制度演变探讨》，即将由《建筑学报》(今年第2期)发表。

我就用这种办法，先把这部专著的若干学术论点公之于世，为这部专著的问世扫清道路。(尚保留些更重要的论点，与书同时公布。)这个情况，便中你也可以告诉湖北出版社的熟人。最近，我又应《学报》约，还将另写其他论点的专题论文，供《学报》发表。我这样做，你以为如何?我是在一个人单干，就想把余年全部投在研究我国城市规划史问题上。不过老了，水平也有限，做多少算多少吧。

你处料必很忙，工作杂，是会影响写东西的，不过我还期望你排除困难，多写点东西。余再告。

祝

健康

业钜

二月十六号 (1980)

(建筑出版社任务重在建筑应用技术，且近年教材任务大，故学术著作只好让其他出版社承担。)

贺业钜(1914~1996)，湖南长沙人，1937年毕业于湖南大学建筑系。他的主要著作有《考工记营国制度研究》、《中国古代城市规划史论丛》、《中国古代城市规划史》等。

高介华注释

[1]这里说的“章节目录”系贺业钜先生所著《考工记营国制度研究》一书目录。信中所述皆系委托高介华与湖北人民出版社联系该书稿出版所涉事项。该社的“科技组”后来扩创成为湖北科技出版社，郑津舟总编亦曾到北京与业钜先生洽商此事，历经周折，未果。最后，由中国建筑工业出版社于1985年3月出版了这部仅有15.5万言，而在《考工记》营国制度的研究领域却具有里程碑性质的“小书”。

[2] [3] “单”，当指故宫博物院副院长单士元。

朱光潜致王世仁信

(1980年7月10日)

世仁同志:

从昆明回京途中多承照拂，至感![1]近得手教，欣悉已报考社会科学院的建筑美学副研究员。[2]以您的资历和学力看，定中高选。机关事务忙，有机会深造，当然不应放弃机会。

承指出拙译黑格尔美学中建筑部分译词有几处不妥，已记录下来，俟再版时斟酌修改[3]特此申谢，并致

敬礼!

朱光潜

1980.7.10

王世仁注释

[1]1980年6月4日，中国社会科学院在昆明召开第一次全国美学会议，我应邀出席会议。会上成立了中华全国美学会，朱光潜当选为会长。我被选为理事。会后偕朱先生同车返京。

[2]1979年中国社会科学院在全国公开招考研究人员，我报名投考哲学研究所建筑美学副研究员。按规定须交两篇论文，一篇译文。我的两篇论文经评审通过；译文则不知深浅，翻译了哈姆林《20世纪的建筑形式与功能》第2卷《构图原理》的引言——“建筑美学”，评审结果是译得很差，但准予面试。1980年8月，哲学所为我这名唯一入围者组织考试委员会，主任为朱光潜，委员为李泽厚(哲学所研究员)、齐一(哲学所副所长，研究员)、吴良镛(清华大学教授)、汪季琦(中国建筑学会原秘书长)。会前，朱先生托人赠我一本他的藏书，是1914年英国威廉·奈特所著《美的哲学》(Philosophy of the Beautiful)第二卷。我想先生的意思是由于我外文差，那篇“建筑美学”文字也确有难度，而这是一本大学教材，比较简明具体，掌握起来容易一些。这次考试，我幸被录取，随后从承德调入北京。为报答先生，我将这本书的第10章“建筑”译成中文，并加注释，发表在天津市艺术研究所主办的《艺术研究》1987年秋季号上。只是1984年后，我又被调入北京市文物局任副总工程师，筹建古建研究所，忙于工程事务，终于未能在建筑艺术的思辨中自由徜徉下去。

[3]朱光潜翻译的黑格尔《美学》，在讲述浪漫主义艺术的代表中国园林时，有个别译注我认为似乎有些不够准确，曾写信向朱先生请教。

朱光潜(1897～1986)，安徽桐城人，字孟实。1922年毕业于香港大学，1925年起赴英、法留学，先后获硕士和博士学位。1933年回国后，先后在东北大学、四川大学、西南联大等校任教授。解放后，任中国美学学会会长，中国科学院学部委员。北方大学教授等。《朱光潜全集》共20卷，700万字，1993年7月出版。

王世仁(1934～)，山西太原人，1955年毕业于清华大学建筑系。长期从事中国古代建筑研究工作，并于1980年考入中国社会科学院哲学所任副研究员，从事建筑美学研究。曾任北京市古代建筑研究所、北京市文物建筑保护设计所所长兼总工程师。

童寯致张良皋信

(1980年7月27日)

良皋学兄:

收到文稿[1]后，七月十九日函也收到。对于席居制度考证，苦在文献不多，可能属“鸡肋”一类，恐怕陷入死胡同。据我肤浅了解，北方的“炕”，由于冬季需加热而设烟道，只得升高，谅是席居尾声，变为固定的床。南方不求取暖，自古就安于地面标高，是席地而坐。《礼·檀弓》“曾子易箦，反席未安而殁”，是箦在席上。汉朝开始与匈奴往来，输入坐椅之制，称为“胡床”，以有别于中土之床。可能这时床已代席地而坐。至于“殷人南来”之说，把古典所指“蛮”字推翻了，觉得立论突然。因为学者一向认为文化是由帕米尔高原向四处分布，一支到黄河流域，然后南过长江，土著(苗)被赶向更南，人流由北向南[2]。总之，大作提问多，答案少，这也可能是一种新作法，但流于造成多条死胡同，都不通行，因参考资料太少了。我看完后，提不出什么意见，聊注几条于文背，已转交建筑研究所(去年成立)一些中青年教师如郭湖生、刘叙杰等，再送老潘提最后意见[3]。也许拖到秋后寄还。武当名胜，渐受旅游界重视，猥以老病，望山兴叹。至于南京随园，本赖子才文名而著称后世。我只是好奇而“考”之。[4]隋家仓这词是否在子才买园之前即有，抑或由子才定居随园之后，未见子才提这词，无从肯定。若用这词圈定随园原址，还是有帮助，离题不远。匆匆奉答，即候刻安

童寯

(1980)七、廿七

张良皋注释

[1]先生信首所谓“文稿”，是我写的一篇《中国席居制度溯源提问录》，内容包括：一、席居制度是否值得研究?二、任一民族是否都经过席居阶段?三、《书经》的记载能否说明席居的起源?四、仰韶文化和龙山文化会不会发展席居?五、周人为什么不发展床榻?六、华夏古气候曾否影响席居的发展?七、商殷居室该是什么构造?八、“殷人重屋”如何解释?九、商殷文化是否南来?十、荆楚文化对席居制度起过什么作用?十一、结论与验证。十二、后记。(1980、7、6、初稿)文长约三万字，只是为了提问，复印若干，分寄师友。

[2]问题盘根错节，故尔先生说“大作提问多，答案少……流于造成多条死胡同，都不通行。”先生举一例：“殷人南来之说，觉得立论突然(把古典所指“蛮”字推翻了)。因为学者一向认为文化是由帕米尔高原向四处分布，一支到黄河流域然后南过长江，土著(苗)被赶向更南，人流由北向南……”的确代表学术界流行见解，迄今虽渐难支吾，俨然仍是主流。但主流学说既然解答不了席居这样一个“小”问题，“多条死胡同”仍引我入胜。先生的劝勉当然促我倍加谨慎。

[3]郭湖生，东南大学教授。

刘叙杰，东南大学建筑系教授，刘敦桢先生哲嗣。

“老潘”，东南大学建筑系教授潘谷西。

先生函中称我为“学兄”，称同门少年如潘谷西先生为“老潘”，皆先生谦德，令后生祗伏景仰。郭、刘、潘三兄高见，皆应我之求，随《提问录》页边批注，不属“书信”，此番未便发表。

[4]先生曾撰《随园考》，载《建筑师》第3期。我曾顺便问到南京“隋家仓”地名与“随园”“小仓山房”(袁子才斋名)的关系，故尔先生在信中作答。

良皋学兄：收到文稿后，七月十九函也收到。对于席居制度考证，昔在文献不多，不能据「鸡肋」一书，恐怕陷入死胡同。据我看，没了解北方的「炕」，由于冬季须加热，而设烟道，只得升高，结果是席居（变为围着的床）在南方不易取暖，自古就当于地面标高，是席地而坐。礼、檀弓：曾子易箦，故席子要垫两张，是箦在席上。汉朝开始与西域往来输入坐椅之制，称为「胡床」，以有别于中土之床。又能适时废已代席地而坐。至于「胡人由来」之说，（抱古典所据，汉字推翻了。）觉得立论实无，因为学者一向认为文化是由北而来，于是原向南之处有佛，而黄河流域民族（人流由北向南）南迁长江，土著（苗）被赶向更南，总之大作提倡多，答案少，这也不能是一种新作法，但流传先进成多年死胡同，都不通行，因为参考资料太少了。我看完纸后不出什么意

邵俊仪致张良皋信

(1980年9月14日)

张工程师：

您好，提问录[1]本月五日由叶老师转交我处。细细拜读，颇感张工在席居溯源问题方面的研究功力甚深，涉及的面亦较广，提问录一方面是对席居制度提出一些主要的问题，从而引起人们的兴趣与思考；另一方面里面有很丰富的资料及精僻的见解值得我们学习。

席居是我国的一种古老的生活习惯，在某些地区至今犹存。生活习惯对建筑的影响，尤其是对居住建筑的影响，是为建筑界所公认。因此研究席居对建筑发展的历史是很必要而有意义的，惜建筑史界似鲜此方面研究。令张工率先劈路，并已在席居制度上做了大量研究工作，望能继续对席居的发展，对建筑曾产生过的影响，及其消亡过程作以系统研究，我们期望张工以后能写出"中国席居制度研究"之类的专著，以便于建筑界学习。

我对席居很少注意，在学习了张工的论文想谈一下体会及想法：

①席居的产生可能极为久远，其初级阶段是否有可能与建筑(穴居及巢居)同时产生。据史籍记载早在西周初期，已有一套完整的设席制度；天子，诸侯，大夫各有所"重"，不同房间设有不同的席，并设有专职人员司几筵，无疑席已有很长的一段发展过程，往上推，从甲骨文中亦已有经编织的席的象形文字，此前的夏现在的发掘资料甚少，再前就是仰韶，龙山文化建筑遗址了。在不少遗址中发现建筑的地面是经"白灰面"，"红烧土"方式处理的，可见当时建筑对地面极为重视；因穴居在地面以下，对穴居地面的防潮因人们席地坐卧习惯而予以重视是十分自然的。那末在"白灰面""红烧土"地面以前的原始式土地面上席地生活的人是如何防潮，与如何求得坐卧的一定舒适感的呢?动物中的鸟兽犹能以草来改善其栖息的环境，想来人是不会就直接在潮湿、冷、硬的泥地上坐卧的，其身下必有东西所藉。此乃推理，如能有考古资料或灵长类动物栖息处的材料加以印证就比较有说服力。

②席的"重"数是否只是说明等级高低的精神性要求的产物?看来很可能是实用性的物质上要求的东西。诗经·小雅·斯干"下莞上簟，乃安斯寝"，莞，小蒲之席也，竹苇曰簟，莞为水生植物，即苻蓠又名灯心草。可见上面铺以精致光滑耐磨竹席，以为人所踏藉；下铺较软，较粗厚莞席。所谓粗者在下，美者在上者。这样的數席坐卧起来当然是很舒服的。是否可以说"重"在功能上是代表了其舒适性。以后发展为在礼仪上的等级化。

③周礼·春官·中有"掌五几五席之名物辨其用与其位"，所谓五席，为莞、藻、次、蒲、熊，其中次，熊席为兽皮席，其余为草席，这适合于当时中原一带冬夏气候有显著不同的情况。要末是"热带型"席居，要末是"寒带型"席居的划分恐欠妥，得视当地气候情况而定。(注：吕氏春秋曰：卫灵公天寒凿池，宛春谏曰："天寒起土恐伤民"，曰："天寒乎哉?"，宛春曰："公衣狐裘，坐熊席，陬隅有灶，是以不寒。")

④席居的这种生活方式，在人类发展的某一阶段中，可能具有广泛性与普遍性，是人的生活方式由低级向高级发展过程中的低级阶段，而目前还有些国家及民族维持这一生活方式，除了"习惯"之外，难于作其它解释。我国某一少数民族，有蹲着睡觉的习惯，[2]用床请其躺下睡就不能入睡，而从科学角度看，人躺平是一种最好的休息，这时心脏做功最小，躯体与支承面(床)接触面较大，从而因单位面积压力较小而产生舒适感。但不可思议的是躺着不能入睡，非要蹲着才能酣睡。"习惯"力量之强大可想而知。但"习惯"力量只能延缓发展而不能停止历史车轮的前进。依人的生理构造特点为依据的科学的舒适的坐卧方式，终究将代替席居方式。

⑤关于席居从广义上讲是一种藉地坐卧方式，坐卧方式是否与气候无关或关系不大。气候只是对用什么材料来做席有关。

⑥关于席的大小规格问题；这一问题犹如家具大小规格对建筑有一定的影响一样，是与当时的建筑有

邵俊仪毕业于南京工学院建筑系，现任重庆建筑大学教授。

密切关系的。从文献记载及汉代画象砖所反映的形象来看,席有几种规格:首先分坐席与卧席二类;“范子计然曰:“六尺蔺席出河东,上价七十,蒲席出三辅,上价百。”此记载说明蔺席与蒲席各出自河东与三辅二地,但都长六尺,可见六尺长的席是当时比较通用的规格,六尺长度合现在量度是多少呢?我们以一尺合今23.10公分计(23.1公分为商鞅量尺及“周尺”一尺长度)席长为1.386米,显然此非卧席长度,当另有一种适合人体长度的卧席,而1.386米即将近1.4米的坐席,可以跪坐2~3人,我们从汉代“讲学”,“观伎”、“宴乐”等画象砖上看到的多数是2~3人跪坐席上的形象,可见此种长度的席是较常用的。此外,还有单人席及四人席。礼·曲礼上曰“群居五人则长者必异席,席以四人为节”说明共坐一席之上者最多为四人,以当时的跪坐宽度看四人的席可能长近2米,可与卧席通用。因此,是否可以认为当席居发展到周已成为一种制度时,席的规格较常用的约有三种;一为单人席(长度不详),二为2~3人席,(长近1.4米),三为四人席(长近2米)与卧席通用。

关于席分二类问题,从礼记上一段也能看出“请席何乡,请衽何趾”,注:设坐席则问面向何方,设卧席则问足向何方。

⑦席坐方式问题:席坐方式不同,占有席的宽度不同。甲骨文中的形象为跪坐,汉代画象砖中亦以跪坐为多,而文献中有跪有坐。礼记载有“……主人跪正席,客跪抚席而辞,客彻重席,主人固辞,客践席乃坐。”今我国北方的一些地区犹存盘腿坐的习惯,而朝鲜亦为盘腿坐,而深受我国古文化影响的日本则采用跪坐式。跪坐与盘腿坐二种方式,是一先一后,还是代表了二个地区的不同坐式习惯?

⑧我国北方的炕的运用是古老席居生活的延续。位于南向窗下炕上设席,席间置几,日常起居,及接待宾客于席上,不过现时已融坐席与卧席为一体,白天坐之,晚上卧之。

⑨建筑从穴居而发展为地面建筑时,木架就为夯土墙所替代的看法值得进一步探讨。我认为从半坡到郑州大河村仰韶文化遗址建筑都为木架,而到早商的河南偃师二里头官殿遗址亦用木架,商代中期湖北盘龙城宫室也是用木架,商末的河南安阳小屯宫室也是木架。而长江中下游地势较低,近水较潮湿,气温较黄河流域高,树木丛生,蛇虫野兽较多,所传的“巢居”很可能在这种环境中出现;浙江河姆渡新石器时代“干阑”建筑;湖北圻春西周初期的“干阑”建筑是巢居由高空移向低空的建筑进化过程,“干阑”是“巢居”形式的发展的认识是合乎逻辑的。“干阑”是木架,穴居与商代宫室也是木架,这是在不同环境下产生的二种木架,不能认为黄河流域的木架是受长江流域木架的影响而产生,不然就会出现“而周人在版筑方面并未直线发展,往后的庙堂建筑被木构取得了正统地位”颇费思考的现象。

在学习了您的论文后的一些体会与想法是主观而不成熟的,提笔匆匆,识浅而字草,不当之处望指正。祝好

邵俊仪

1980.9.14于重庆建院。

张良皋注释

[1]邵俊仪先生亦我“同门少年”,代唐璞先生致函于我时风华正茂。时越二十载,现在也是“老先生”了。他的信妙思泉涌,议论风发,令我击节。

[2]邵先生函中所说“我国某一少数民族有蹲着睡觉的习惯”,经我查实,是凉山彝族。到80年代,犹然。我也逐渐悟到,此种“睡姿”,有普遍性。中国丐帮,无床可睡,都以蹲代卧。此姿势亦流行于古埃及,大臣见法老,皆蹲坐作乞丐状。

张工程师：

您好，提问录本月五日由叶老师转交我处，细细拜读，颇感张工在席居渊源问题方面的研究功力甚深，涉及的面亦较广，提问录一方面是对席居制度提出一些主要的问题，从而引起人们的兴趣与思考；另一方面里面有很丰富的资料及精僻的见解值得我们学习。

席居是我国的一种古老的生活习惯，在某些地区至今犹存。生活习惯对建筑的影响，尤其是对居住建筑的影响，是为建筑界所公认。因此研究席居对建筑发展的历史是很必要而有意义的，惜建筑史界似缺此方面研究。今张工率先劈路，并已在席居制度上做了大量研究工作，望能继续对席居的发展，对建筑曾产生过的影响，及其消亡过程作以系统研究，我们期望张公以后能写出"中国席居制度研究"之类的专著，以便于建筑界学习。

我对席居很少注意，在学习了张工的论文想谈一下体会及想法：

▲席居的产生可能相当久远，其初级阶段是否有可能与建筑（穴居及巢居）同时产生。据史籍记载早在西周初期，已有一套完整的设席制度，天子、诸侯、大夫各有所"重"，不同房间设不同的席，并设有专职人员司几筵，无疑席已有很长的一段发展过程，往上推从甲骨文中亦已有经编织的席的象形文字，此前的夏现在的发掘资料甚少，再前就是仰韶、龙山文化建筑遗址了，在不少遗址中发现建筑的地面是经"白灰面"、"红烧土"方式处理的，可见当时建筑对地面极为重视，因穴居在地面以下，对穴居地面的防潮因人们席地坐卧习惯而予以重视是十分自然的。那末在"白灰面""红烧土"地面以前的原始式土地面上席地坐卧的人是

朱家溍致张良皋信

(1980年12月29日)

张老[1]**:** 您好!

来信早已收到。因自郧阳回京后又被安排至青岛休息。自青岛回京后适值张名世兄持大作来舍间[2]。拜读之下,急切尚不克如尊嘱丹黄评论也。大作暂留舍间容细读。

关于后记中所提"席居制度究竟在中国曾否普遍流行"。周秦以来的载籍有很多是可以说明已普遍流行。[3]例如,《诗经·小雅·斯干》:下莞上簟,乃安斯寝。《大雅·行苇》肆筵设席等等。至于它对家具配制则有"隐几而卧",对于礼仪则"顿首"、"叩首",皆其影响。席居消亡,约在唐的中期。古代黄河流域气候温暖,所以大舜耕田用象,后来气候逐渐变冷,由床而有椅,由机而有凳,凳本是登床的一个器具,五代人顾闳中韩熙载夜宴图已是桌椅俱全,人都升了高座。从政治上讲,南北朝的结束是北朝统一了南朝,产生隋朝政权。唐为隋之继承者,北方人升高座的习惯可能早于南方。我看不存在无可奈何的悲剧问题。不知尊意如何?此皆率尔而对之语,不足为据。专此即颂撰安!

朱家溍

12月29日

张良皋注释

[1]我邂逅朱家溍先生是在武当山金顶上。我当时为十堰市规划一座公园,得到一登武当的机会。朱先生则代表国家文物局在山上鉴定文物。由于连日大雨,无法下山,朱先生应邀开讲,我得侧闻一二,乃有机缘拜识。蒙朱先生不弃,为我决疑释惑,乃至在函中以"张老"相称。其实那时我才五十七岁,朱先生长我十龄,他才够格称"老"。

[2]"张名世兄持大作来舍间"指的是我三小子张名持拙作《中国席居制度溯源提问录》造朱府(朱老先辈同治大学士朱凤标赐第在东交民巷,庚子后迁今宅,挂牌"僧格林沁王府")。

[3]此函中提出相当明确的断语:"周秦以来载籍有很多是可以说明(席居)已普遍流行","席居消亡约在唐的中期"。据我后续研究,此皆不易的论。

第 页

張老 您好 來信早已收到 因自鄖陽回京後又被
安排至青島休息 自青島回京後適值張名世兄持
大作來舍間 拜讀之下 急切尚不克如
尊囑丹黄評論也 大作暫留舍間容細讀
關於后記中所提"席居制度究竟在中國曾否普遍
流行" 周秦以來的載籍有很多是可以說明已普
遍流行 例如 詩經小雅斯干 下莞上簟 乃
安斯寢 大雅行葦 肆筵設席等等 至於
它對家具配制則有"隱几而卧" 對於禮儀則
"頓首""叩首" 皆其影响 席居消亡約在唐
的中期 古代黃河流域氣候溫暖 所以大舜耕田
用象 后來氣候逐漸变冷 由床而有椅 由机
而有凳 凳本是登床的一个器具 五代人顧閎中
韓熙載夜宴圖已是桌椅俱全 人都升了高座
從政治上講 南北朝的結束是北朝统一了南朝

(1487)

朱家溍,故宫博物院研究员,文物鉴定专家。

喻维国致丽江地委书记、公署主任信

(1981年1月4日)

来丽江数日，当我离开之前想就丽江的建设问题说几句心里的话，供领导同志参考。

记得是二十年前，曾见到一张丽江住宅的图片。这张图片是根据抗战时期的一张照相绘的，真是简练美观，具有民族特色，给我留下了深刻的印象。所以这次到云南来考察古建筑与民居，一定要来一下丽江。

1980年除夕，我来到了丽江。像我在图片上见到的传统风格的建筑还是不少，特别是四方街一带保留得很完整，是可以欣慰的。当然，给我第一个印象是饱赏了近年来丽江的建设成就，新马路、新建筑都从无到有地建设起来，俨然是一个新兴城市。在城市建设中也注意到了新旧城市的结合，但也看到新城市发展趋势，已与旧城发生了矛盾。现在，新结构新形式的高楼大厦，已向四方街方向延伸。如再不及时提出注意，四方街的传统特色将难于维持。所以，请书记、主任会同有关当局共同研究，妥善解决。假如说，在这个问题上有不同看法，暂时无法统一的话，那也请不要急于向四方街进军，请手下留情，以免后悔莫及。在这个问题上 ，前车之鉴是有经验可以吸取的。

我国是一个有着古老文化与历史传统的国家。这个文化不是空的，它可以看得见摸得着，传统的遗留在地面上的文化遗产主要是指历史建筑。当然并不是所有的传统建筑都是文物，但也不是只有列上清单的文物才需要保护。具有八百年历史的古都北京，由于没有很好地处理新旧的关系，现在古城不古，新城不新。新建的零零落落，没有形成气候，古建也肢离破碎，失去了完整的面貌。传统的四合院不多了，几乎找不到可以接待外宾的。故宫与北海周围建起了高楼，故宫变小了，白塔变低了，天坛旁堆起了大假山，天坛失去了肃穆宁静的效果，更可惜的是古老的城墙拆除了，护城河填平了，古色古香的北京失去了传统美，受到各界人士的非议。

号称东方威尼斯的水乡城市浙江绍兴，江苏苏州过去是大街小巷河网密布，运输以水运为主，家家门前有河流小溪，出门以舟代步，明静静的水面就像一面镜子与灰瓦白墙相耀映，好一派水乡风光。如今河流大多变成了笔直的马路，和全国城市一样，千篇一律，高楼大马路，失去了传统特色。此外，更有一些城市在古寺旁建起了高楼，在佛塔旁竖起了烟囱，更是啼笑皆非。现在大家议论要改过来，但木已成舟，不像在纸上谈兵那么容易。

当然，我们不是复古派，说过去样样都好，更不想拖今天建设的后腿，而是指那些特定的城市，有历史价值的古城，不用处理一般城市的那样的办法去处理它。如何处理好新旧的关系，使既保留过去的传统、有特色的部分，又有利于发展新的。西方比我们现代化得多，而意大利的威尼斯仍保持传统水乡特色，吸引世界各地的游客。在新的城市规划中也有考虑在城市的一个区域划为步行街坊的，车辆不准进入，不一定非要大马路不可。近年来，国际上都很重视传统问题，像法国80年搞了个民族传统年，尽最大努力宣传与发挥民族文化与民族传统，包括修缮古建筑。日本的古建筑保留得最完整。有些国家把整个村镇、城市保护起来，规定一些传统建筑不可拆，坏了仍用传统方式修，新建的一律不让建，甚至生活方式、服装、交通工具等都是古老的方式(当然在室内可以更换新的设备)。这些地方往往是旅游者最喜欢去的地方，成为旅游胜地，进入这个环境如到了另一个世界。

在中国城镇建设中也必须注意这个问题。现在以致拍电影要找一个30年代的镜头都困难。所以趁着四方街还比较完整地保留着传统特色的情况下，我认为应该进一步提出措施，做好保护工作。下面提出几点意见：

一、文化部门必须参加城市建设与规划的工作中去。建设不仅是工程技术而且必须要有文化，特别是像丽江这样的古城，在四方街以及周围视线所及的范围内不建新的高楼大厦，以保持其独特的环境(登制高点除外)。

二、四方街内的建筑可以有计划地将简陋的使用上不合理的艺术上价值不高的一些进行调整、改造以至拆除，增加一些绿地。

三、城市不要条形地发展，要成片成片地发展，一个街坊一个街坊，建成一片形成一片面貌，使生活生产都方便，在四方街范围内有必要建筑时，必须用传统的材料、传统的结构与传统的形式，以’三坊一照壁”、“四合五天井”以及院落建筑为主。特别在丽江地区，传统建筑还在建造，所以在四方街建传统建筑并不困难(见到一处同时在施工的木构建筑有40余幢)。

四、玉龙雪山是丽江的无价之宝，是丽江的标志，城市规划要采用借景的手法，尽可能地把玉龙雪山的景色纳入城市，在一定的地段一些建筑设施更要谦虚些，要甘心当配角。

五、对丽江的富有生气、终年不绝的泉水要充分发挥它的优势，必须严禁污染，更忌破坏、堵塞，不要把清冽的泉水像处理污水那样纳入地下水道(见到在泉水上加混凝土板)。

六、黑龙潭要规划，要力所能及地改建它，只少管理好，使水面清晰，路面整洁，要保持自然的特色，人工为辅，最好不要建动物园(见到此处有动物饲养)，以突出文化休息的主题。

七、对现有的名胜古迹，如没有条件修复，至少也应保持现状与周围环境。在有条件修复时，要特别注意其传统特点，不要以修复之名行破坏之实。

八、必须重视绿化建设，开辟苗圃，培植幼苗，将童年树、青年树移植为行道树。这样既有利于树林的成长与保护，又可加速绿化城市。

九、城市的交通枢纽——车站离市区过远，在没有市内公共车辆的情况下对旅客(居民)非常不便，至少在近期应考虑补求措施。

我在丽江虽没有几天，却留下深刻的印象，我想有可能的话，再来作深入的调查研究，着手做“丽江纳西族建筑”的整理工作，向国内外宣传纳西族的建筑文化。但由于上海到丽江路途遥远，是否能实现还有待领导的支持。以上所说的一孔之见，错误之处，请指正。

敬礼！

同济大学建筑系

喻维国

1981年1月4日夜12时于一招

八、必须重视绿化建设，开辟苗圃，培植幼苗，将童年树、青年树移植为行道树。这样既有利于树林的成长与保护，又可加速绿化城市。

九、城市的交通枢纽——车站离市区过远，在没有市内公共车辆的情况下，对旅客(居民)非常不便，至少在近期应考虑补救措施。

我在丽江虽没有几天，却留下深刻的印象，我想有可能的话，再来作深入的调查研究，着手做《丽江纳西族建筑》的整理工作，向国内外宣传纳西族的建筑文化。但由于上海到丽江路途遥远，是否能实现还有待领导的支持。以上所说的一孔之见，错误之处，请指正。

敬礼

同济大学建筑系

喻维国

81.1.4.夜12时

于一招

朱家溍致张良皋信

(1981 年 1 月)

张老:

您好!来信收到。承问各节，我在下面略谈谈我的见解，请教:

“席居之制遂大行于庙堂，广布于上层社会，民间能否如此，我未敢必……”

我认为，席居并非意味着豪华的生活方法。席居时代的生活设备同样有奢有俭。在那个时代同一地区，我看，席居是上层社会与百姓之家是一致的[1]。席居时代的设备，凳是为了登床接脚用的。杌是个木块。我想，是户外的坐具。后来升高只是稍加改善。坐具升高的需要，我想，是先户外而后延及户内。唐、宋，高的坐具记载和图画都曾寓目。胡床、交椅、墩等等，我想唐已改变并且由上而下的。我的看法，这意味着生活水平的提高。至于庙堂之上保留席坐遗风，则不止宋。降至明、清，朝廷大宴百官，仍是席地而坐。铺地的是棕荐，再在上面铺一层毡，宴案高不及二尺。这显然是古风[2]。还有，人在生死大事，有些顽固的习惯。例如，居丧在苫次，仍是席地坐卧。我在祖父母丧及父丧正规的举行仪式时有亲自体会。拉杂奉复，

专此即颂

撰安

朱家溍

(此信未注日期，是 1981 年 1 月 20 日收到)

北方游牧民族居帐房亦属矮座。“卓歇图”[3]卷所绘契丹人生活可为证也。古代南北在坐具方面无矛盾。

古代森林多，天气暖，是事实。但“东南其亩”，“尽东其亩”，非森林之谓也。

亩有陇。如果东南其亩，则车总在一个一个横陇上勉强走过。尽东其亩，则车如行于辙，当然快的多了。

张良皋注释

[1]“我看席居是上层社会与百姓之家是一致的”，肯定席居的普遍性，对我往后的研究起了很大的鼓舞作用。

[2]“至于庙堂之上，保留席坐遗风，则不止宋。降至明清，朝廷大宴百官，仍是席地而坐。铺地是棕荐，再在上面铺一层毡，宴案高不及二尺，这显然是古风。”这一段话，十分重要。解放后建筑考古学者为唐含元殿作复原方案，用木地板抑用砖铺地面，疑莫能决。由朱老所言史实，可知唐初庙堂之上，必是席地而坐。那时去六朝席坐时代不远，木地板当是首选。

[3]描绘契丹人生活的《卓歇图》无缘得见，但宋陈居中画《文姬归汉图》所表示的匈奴“毡坐”实与汉族“席坐”无殊，足证朱老所言“古代南北在坐具方面无矛盾”。

[4]“尽东其亩”问题，是春秋齐晋鞌之战后，齐败，议和，晋提出条件，要齐“尽东其亩”，让晋之兵车便于向东驶行。一般解释为令亩垄朝东，我以为区区亩垄，本不足以阻兵车，应是当时田亩，都在丛林中，晋要求齐国丛林伐树取东西向。朱老以为有亩垄朝东就足够令戎车通行，与伐树无干。

张老：

您好，来信收到，承询各节，我在下面略谈谈我的见解，请教：

“席居之制遂大行于庙堂，下布于上层社会，民间能否如此，我未敢必。”

我认为席居并非意味着豪华的生活方法，席居时代的生活设备同样有奢有俭，在那个时代同一地区我看席居自最上层社会与百姓之家是一致的。席居时代的设备，登是为了登床搭脚用的，杌是个木块，我想是户外的坐具。后来升高只是稍加改善，坐具升高的经过我想是先户外而后延及户内。唐、宋高的坐具记载和图画都曾寓目，胡床、交椅、墩等。我想席之变，自改变并且由上而下的，我的看法这意味着生活水平的提高。至于庙堂之上仍保留席坐之遗风则不止宋，降至明、清，朝廷大宴百官仍是席地而坐，铺地的是棕荐，再在上面铺一层毡，宴桌高不及二尺，这是遗古风。还有，人在生死大事有些顽固的习惯，例如居丧在苫次仍是席地坐卧，我在祖父母丧及父丧正规的举行仪式时有亲自体会。拉杂奉复，匆此即颂

撰安

朱家溍

刘致平致郭湖生信

(1982年10月19日)

湖生同志，郭老:

前次赴日，久久无音讯，不知开会情况如何?盼抽空告知一、二。我万分悔恨患了偏瘫病，什么会议不能参加。现在已渐好，可以扶手杖由人搀扶走几步。你年事正好，仍万分小心，注意老年病，你已排队在第一名了。万分珍重珍重。近来忽然想到一件事，即是在很早以前，我在北京图书馆看到了《天下》杂志有童老夫子一篇讲“中国园林”的英文大著[1]，有上海豫园照片数张，文内也引证了沈复《浮生六记》的文字。国内最先从事园林的研究及著作的当推童老夫子了。我所近来出版了《建筑历史研究》两本，内有我早年写的“内蒙山西等处古建筑调查纪略(下)”(你处可能有此文)。可□的是张锦秋 、张步骞二位的论文甘露庵原□□□□□□[2]张步骞同志之功也。您有何大著□□□□□□□。这次整党如获成功，则学社的老问题[3]可以解决(□□□…)。

不然我犯了什么错误?可怪可耻之至。

刘致平

82.10.19.

杨永生注释

[1]这里写的童老夫子即是童寯。他用英文写的“CHINESE GARDENS—ESPECIALLY IN JIANGSU AND ZHEJIANG”(中国园林——以江苏、浙江两省园林为主)一文于1936年10月发表于《T'ien Hsia monthly》(天下月刊)。此文由方拥译成中文，并编入《童寯文选》一书，该书由东南大学出版社于1993年出版。

[2]张锦秋，女，(1936~)，1960年清华大学毕业后，被选为中国建筑历史与理论研究生，师从梁思成、莫宗江教授，现为中国建筑西北设计院总建筑师，中国工程院院士，曾获建设部授予的“勘察设计大师”称号。经向张锦秋等查询，刘致平这里指的是由中国建筑科学研究院历史研究室编的《建筑历史研究》第二辑内发表的张步骞的论文《甘露庵》及张锦秋在“文革”前清华大学研究生毕业论文的主要部分，即《颐和园后山区的园林原状、造景经验及修复改造问题》。

[3]“文革”后期，刘致平先生在与我的一次谈话中说，他早在解放初期就提出过恢复中国营造学社的问题，而且一再提出都未能解决并招致一些人的非难，直到那时仍耿耿于怀。记得，我当时还奉劝他说过，现在连中国建筑学会都解散了，还谈什么营造学社恢复问题，不合时宜。刘致平先生关于恢复中国营造学社的建议，现在也许是适宜的。

陶逸钟致高介华信

(1984年1月12日)

介华同志：

出差回来见到赐我的《华中建筑》创刊号及大函，甚感。谨此遥贺并祝将发展光大。乘此机会提出一点意见，供你刊编辑同志参考。此意见也曾向《建筑学报》编辑同志提出，并已取得他们的赞同，在工作中贯彻了。因近代建筑设计已不单是建筑设计人单独能完成的，而是组织起结构、施工、水暖电甚至建筑物理多工种的人的集体智慧反映在一个工程的全过程才能完成。而建筑师是一个综其成者。因此建议对某建筑物实物的介绍应将各工种的主要负责人或负责单位亦应在文后出现刊出。此点在国外杂志中已广泛的采用了。特给你刊也提出同一建议，供您参考。

函中称要刊布我对设计的意见。[1]我已记不起是在什么场合发表的谬论，尚希望将原稿或清样寄给我看一看，再作决定。以免犯错误或影响同业的设计思想。耑此　即致

敬礼

陶逸钟

1月12日

高介华注释

[1]这里指的“对设计的意见”，即是1980年2月2日陶逸钟总工程师返寄给高介华的对重建黄鹤楼设计方案的“审议”发言和审批讨论会上的意见。

介华同志：

出差回来见到赐我的“华中建筑”创刊号及大函甚感谨此遥贺并祝将发展光大。乘此机会提出一点意见供你刊编辑同志参考此意见也曾向“建筑学报”编辑同志提出并已取得他们的赞同在工作中贯彻了。因近代建筑设计已不单是建筑设计人单独能完成的，而是组织起结构，施工，水暖电甚至建筑物理多工种的人的集体智慧反映在一个工程的全过程才能完成而建筑师是一个综其成者因此建议对某建筑物实物的介绍

陆谦受致方拥信

(1984年7月12日)

方先生:

收到了6.30的信，谢谢您。我离开大陆的时间太长了。国内一切的事物、意识形态都感到十分隔膜。因此，对于您提出的问题，实在难以叙述和置评。希望您能了解和原谅。您以前的老师童寯教授和现在的陈植先生都是我的朋友。他们始终紧守岗位，努力工作。他们才真正是您的导师。而且，目前国内建筑界人才济济，这是我从每月刊行的《建筑学报》看到的。内容真是包罗万象，应有尽有。我是一个八十过外的人，还能贡献给您什么意见呢?国内正在推行建设，你们这一辈的时代骄子正好大展身手，前途无限。我谨以万万分的诚意来祝您的事业成功。

陆谦受 启

84.7.12

方先生：

收到了6.30的信，謝謝您。我離開大陸的時間太長了。國內一切的事物意識形態都感到十分隔膜。因此對於您提出的問題實在難以叙述和置評。希望您能了解和原諒。您以前的老師童寯教授和現在的陳植先生都是我的朋友。他們始終緊守崗位努力工作。他們才真正是您的導師。而且目前國內建築界人才濟濟，這是我從每月刊行的建築學報看到的。內容真是包羅萬象，應有盡有。我是一個八十過外的人，還能貢獻給您什麼的意見呢？國內正在推行建設，你們這一輩的時代驕子正好大展身手，前途無限。我謹以萬萬分的誠意來祝您的事業成功。

陸謙受啓

84.7.12.

方拥注释

1984年上半年，我撰写硕士论文“童寯建筑师”进入最后阶段，时童寯先生已故，陈植兼作指导。从陈植处得知上海中国银行总行大楼设计人陆谦受居住香港，故致函求教。当时，我已认识到30~40年代沪宁建筑在中国现代建筑史上的重要意义并深知中国银行与沙逊洋行两座大楼在高度上发生过一起争执，此事对我尤具吸引力。

陆谦受(1904~1992)，广东新会人，1930年毕业于英国伦敦AA学院，当时回国任上海中国银行建筑科科长，1949年建立五联建筑师事务所。1949年后去香港定居。他设计的上海中国银行大楼(公和洋行为顾问工程师)是上海外滩众多高层建筑中唯一由中国人设计的。

方拥(1953~)，1982年毕业于南京工学院建筑系，1985年获硕士学位，现任福建泉州华侨大学建筑系教授。

王朝闻致萧默信

(1986年6月27日)

萧默同志:

今天有空看看前两天收到的四期《美术》,看到你写的《环境艺术》,很高兴。这也因为,我所见的有关艺术实践——以美化为目的,结果却是丑化的实践,表明环境美学必须得到普及。但用来普及的观点,自身也必须继续提高。忽视这一门类美学的独立性和实际意义,不可能避免目的与效应的对立,也意味着美学工作的失败。

再见!

王朝闻

一九八六年六月廿七日

萧默注释

[1]即萧默《环境艺术的特性和艺术家的任务》(《美术》1986年第3期;摘载于《建筑》1986年第10期;1989年收入李泽厚主编美学丛书《城市环境美的创造》,中国社会科学出版社)。

附:萧默致王朝闻信摘要(1986年7月1日)

记得有一句话,说抽象应该是具体的抽象,我理解这里的“具体”就是我上面提到的这些宏观而确实的各个方面。要理解这种抽象艺术,只能对于它所从出的这些具体的方面有清晰的了解,其中尤为重要的是对于创造它的主体——“人”的了解。对象是人创造的,要了解对象,不去研究人,只就对象谈对象,是永远不能进入到真正的境界的。所以我非常同意您多次谈到的主导思想——从主体与客体的关系着眼去研究。当然这个“关系”也不是单向的,不但人创造对象,对象同时也在创造人。……

中国艺术研究院

肖默同志:

今天有空看看前两天收到的四期美术,看到你的环境艺术,很高兴。这也因为,我所见到的有关实践——以美化为目的,结果是丑化的实践,表明环境美学必须得到普及。但用来普及的观点自身也必须继续提高。忽视这一门类美学的独立性和实际意义,不可能避免目的与效应的对立,也意味着美学工作的失败。

再见

王朝闻 六月廿七

王朝闻,美学家,中国艺术研究院原副院长,中国美学学会会长。

萧　默,中国艺术研究院建筑艺术研究所所长、研究员。

汪坦致方拥信

(1986年7月10日)

方拥同志:

译文因为我病住院二十日，又遵医嘱休养，故今天才算粗略地看过。意见如下:

一、总的看来，文章顺达，基本上可以告慰于童老之灵。

二、难处在于分寸的掌握，怎样能恰当地道出童老原意，这方面我也说不好，下列各点供参考。

三、原文P.22——surprise——出其不意，(原译惊人)。

P.220——和以后有多处用axes(复数)或axially均译对称不够确切。

P.220——wide open space开旷地(还有primarily一辞，似与原译“中国园林非空地一块有出入”)。

P.220 sophisticate——精致、精雕细刻(原译圆熟，…深奥的…)。

P.223(译文第6页)三维风景画…写意中国画前面写的“一副”，似为一幅(辞海——副是对和套的意思)。以后拙政园、文征明的画如果成套，倒是可以用的。

P.222 relaxation,playground,recreation三字的译法要斟酌，因为涉及褒贬，“悠闲、游乐、消遣”。

P.222 Nature is let alone 听其自然。

(译文第5页)attractive to cow——原译“激起牛的食欲”与原意有出入。

(译文第5页)little appeal 几乎没有兴趣(和“丝毫不能”有出入)。

(译文第5页)question of reality——尘世浮沉(原译苦恼)。

P.223 verses and inscriptions——译“题铭”，欠verses(诗文)意。

P.226(译文第11页)米芾笔谈译为(元)，应为宋。

P.227(译文第12页)Casino在意大利为别墅的意思(原译黄杨和亭阁的中介)。

P.228(译文第14页)screen his earthly paradise at short notice“……在匆忙间得遮掩他的人间天堂”未译出。Slightly sunk…when a water reservoirs…未译出。

P.229——Princely garden of梁孝王(辞海——汉文帝二子…作跃华宫及兔园…)(译文第16页)似应加“王子”梁孝王。

P.230 shipping magnate——航业巨商(原译船主，略有出入)。

P.230 extravagances knew no bounds——挥霍无度。

P.231 The incomparable beauty of the city lies in the famous lake “Hsi Hu”——未见译出。

P.234 mock“模仿”——以水泥造石叠山(原译第21页——水泥人工假山，含义不清楚)。

achievements——成就(原译珍贵艺术财富)。

P.237(译文第24页)rivalled the species in 扬州

其品种与扬州并称……(原意略有出入)。

——P.237…delightful details……愈增细致(原译愈增园景)。

(译文第25页)gradually losing its ancient charm…渐失旧韵(原译渐易旧观)。

P.240tower——塔、高楼(原译大殿)。

汪坦(1916～)。江苏苏州人，1941年毕业于中央大学建筑系，1941～1948年在兴业建筑师事务所任建筑师，1948～1949年赴美，师从美国建筑大师赖特。1949～1957年任大连工学院教授，1958年至今在北京清华大学任教授。

另拙政园短文Quiet bosom译成温馨的胸膛，it——它译成“她”——颇有出入。 my version of perfect holiday…原译…美梦?version是有一种款式或方式，是现实的。

译文“历史较早是…和自宋以来…”——原文环秀山庄和沧浪亭

were…两者均为“自宋以来”。

chronicle…记载、记录(原译“事变”，有出入)。

verify its present state——现状的核实。

hardly had time to acquaint himself with its charm

未见译出。

四、关于“anchu garden”, “manchues” …均未译出，请慎重考虑!

五、后半部分园林介绍时，多处引用了童老《江南园林志》原文，行文上也和前半部分有明显的差异，也请斟酌，其中和“园林志”说法略有出入的，是否应该按英文稿，请考虑。

六、用辞如驾“幸”，“驻跸”“龙心”等，都有君臣有别的意思，(辞海上“跸”字的注释是“帝王出行时开路清道，禁止通行。”《史记·张释之冯唐列传》:“县人来，闻跸，匿桥下。”…)英文稿只写visited，没有用his majesty等尊称，译文应斟酌。童老“园林志”写于1937年，英文稿估计要晚得多。“龙心”英文稿用的是August One，译成“龙心”加引号说明是用典，还是可以的。

以上的六条意见，作参考。你的中英文水平都好，有些地方译得很巧，我读了也很能高兴。祝诸事顺利。

汪 坦

1986.7.10

方拥注释

1986年上半年，我参与编译童寯著《童寯文集》，该书于1993年由东南大学出版社出版。我的初译稿曾送汪坦先生审校。时汪先生虽身体不适，但审校之认真出人意料。得汪先生厚爱，深感前辈之仁慈，获益良多。

方拥同志：

译文因为我病住院二十日，又遵医嘱休养，故今天才得粗略地看过，意见如下：

一、总的看来，文笔顺达，基本上可以符合于童老之意。

二、难处在于分寸的掌握，怎样能恰当地道出童老原意，这方面我也说不好，下列各点供参考。

三、原文P.221 —— surprise —— 出其不意，(原译惊人)

·220和以后有多处用axes（复数）或axially的译对称不够确切。

·220 —— wide open space 开旷地（还有primarily一辞，似与原译“中国园林非空地一块有出入）

·sophisticate —— 精致，精雕细刻（原译周到，……深奥的……）

·223，（译文第6页）三件风景画……写意中国画而写的一副，似为一幅（辞海一副是对和套的意思）以后拙政园文征明的画如果成套，则是可以用的。

陈植致阎子祥信

(1987年3月11日)

子祥同志:

久违矣，时在惦念，祝台履清适为颂。收到86年工作小结及87年工作要点，启发甚大，学会工作成绩斐然，可庆可贺，此皆归功于君矣!

兹陈述者关于《中国人名词典》不知能否将奚福泉列入。此君埋头工作，设计才能高超，因为大家对他了解不多，但他与夏昌世[1](现已去德国定居)两人乃中国建筑师中仅有的得博士学位者，梁公[2]的博士学位则属赠予的名誉学位。现将奚福泉学历资历附上，务乞考虑及之。

《中国人名词典》编辑，似以细、准为妥，不在于急。中国“大百科”反复收集资料，反复推敲，发给有关人员再加以核实……这一工作作风很值得钦佩。我看到《中国人名词典》发给本人或单位的底稿改得很乱，勾来勾去，令人无法看得懂。又如翻英文(如校名)不能单凭想像，而要具体核实才好。例如杨老[2]、梁公[3]、赵老[4]、童老[5]与我在美就读于Univirsity of Pennsylvania(私立)一般翻成宾夕法尼亚大学；另有一个Penncylvania State University是宾州州立大学。《词典》翻成Penncylvania University，根本没有这个名称的大学，印发后恐贻笑大方，千万以慎重核实为妥。尊意如何。

即致敬礼

陈 植

3月11日

梁公诞生8 5 周年纪念集中有好几篇文章中均将宾夕法尼亚大学误为“宾州大学”。

奚福泉建筑师 1903~1983

1903年生于上海

1923~1926 就读于德国德累斯顿工科大学，毕业得学士学位

1927~1929 德国柏林大学进修，得博士学位，取道英、法、美、日本而回国

1930~1931 上海英商公和洋行任建筑师，参加都城饭店(现新城饭店)、河滨大厦(七层)设计

1931~1934 组织启明建筑师事务所，主要设计：上海五原路自由公寓(9层)

1935~1953 组织公利工程司，主要设计：

上海浦东大厦(延安中路，八层楼)

原上海欧亚航空公司(即龙华飞机场)机库

原西安欧亚航空公司机库

原南京国货银行大楼

原南京国民大会堂(现人民大会堂)

南京、汉口、芜湖、沙市、宜昌邮局大楼

1953~1983 轻工业部上海轻工业设计院副总工程师(总工程师规定要工艺专家)

陈植(1902~) 浙江杭州人。建筑大师。1915年入清华学校，1923年毕业后去美国留学，入宾夕法尼亚大学建筑系，1927年获学士学位，1928年获该校硕士学位。1929年在东北大学建筑系任教，1931年2月与赵深合办建筑师事务所，1931年冬童寯加入后，1993年改称华盖建筑师事务所至1952年。1938年~1944年任之江大学建筑系教授。1952~1982年先后任华东建筑设计公司总建筑师、上海规划建筑管理局副局长、上海民用建筑设计院院长兼总建筑师。1982年以后任上海市建设委员会顾问等职。主要设计作品有：上海大华大戏院、上海浙江第一商业银行、上海鲁迅墓、上海杂技场、苏丹友谊厅、上海国际海员俱乐部等。

阎子祥(1911~2000.1)，山西临猗人，1927年加入中国共产党，曾任太原市委书记、延安鲁艺总支书记、晋绥十分区公署专员等。解放后历任长沙市长、建工部设计总局局长、国家建工总局副局长。中国建筑学会第四届理事会理事长。

在这期间专设计厂房，主要负责工程：

佳木斯造纸厂、南平造纸厂、西安子午厂、芜湖造纸厂、甘谷油墨厂、援助几内亚火柴卷烟厂、援助阿尔巴尼亚造纸厂三座。

奚老在轻工业设计期间，各地奔波，从佳木斯到广州，从乌鲁木齐到越南边境，不辞辛苦。

陈植致阎子祥 1987.3.11

奚福泉是老一辈建筑师中的比较突出的人物。我赞成陈植老提的意见 戴念慈 25/三

子祥同志：

久违矣，时在惦念中，敬维 身体健康为颂。收到86年工作小结及87年工作要点，获益甚大，学会工作成绩斐然，可庆可贺，此皆归功于 君矣！

前谈述[illegible]关于《中国人名词典》[illegible]能否将奚福泉同志列入。此君埋头工作[illegible]，大家对他了解不多，但他与夏昌世（现已去西德定居）两人为中国建筑师中仅有的得博士学位者，梁公的博士学位则系赠予的名誉学位。现将奚福泉学历资历附上，希予考虑及之。

《中国人名词典》编辑，似以细、准为要，不在于急。中国"大百科"不知收集资料，不知推敲，发给有关人员加以核实——这一工作作风很值得钦佩。我看到《中国人名词典》发给本人或单位以核对的，[illegible]很乱，[illegible]，令人难以看得懂。又如翻英文（如校名）不能单凭想像，而应查核实才好，例如杨老、梁公、赵老、童老与我在美就读于University of Pennsylvania（私立）翻成宾夕法尼亚大学；另有一个Pennsylvania State University是宾州州立大学。"词典"翻成Pennsylvania University，根本没有这个名称的大学，印出后恐贻笑大方。千万以慎重核实为要。[illegible]

陈植 3/11日

梁公诞生85周年纪念集中有好几处文字中的将宾夕法尼亚大学误为「宾州大学」

杨永生注释

阎子祥收到此信后曾交戴念慈。戴念慈在信上批注："奚福泉是老一辈建筑师中比较突出的人物。我赞成陈植老提的意见。"

后来，戴念慈将此信交给杨慎(时任城乡建设部副部长)，杨慎又将此信交王弗(时任《中国建筑年鉴》副主编)参阅。王弗保存此信至今，并交我编入此书。

[1]夏昌世(1903～1996)，广东人，1928年毕业于德国卡尔斯普厄工业大学建筑专业，1932年获德国蒂宾根大学艺术史研究院博士学位，同年回国后任铁道部、交通部工程师，并先后在国立艺专、同济大学、中央大学、重庆大学和中山大学、华南工学院任教授。1973年移居德国弗赖堡市至逝世。

[2]杨老，即杨廷宝。

[3]梁公，即梁思成。

[4]赵老，即赵深。

[5]童老，即童寯。

黄长美致曾昭奋信

(1988年9月)

曾先生：您好!

前些日子与钟华楠[1]先生谈及台湾《建筑师》杂志十一月号大陆专集一事，钟先生即提供您的大作谈几位中年建筑师作品。当时，曾去信请他转达刊载之意。他表示没有问题。现在再跟您报备的是，由于其中少部分文字的删动，还望您谅解。

另外，还想请您转达的是85年(?)《建筑年鉴》[2]中有两篇文章“北京建筑业概况(胡世德)”和“建筑工程管理机构的变迁(王弗)，本刊亦想转载，但不知如何联系二位，因此，要烦您向二位致意。届时杂志及稿酬均将致赠，也得请他们原谅我们的“先斩后奏”。

海峡两岸的学术交流在可预见的将来会更加密切。十二月号我们亦获林洙[3]女士授权刊载“梁思成的一生”一文，也希望您能有文章提供我们刊载(您本人的最好，或是您转达我们热诚的邀稿之意)。现在两岸可通邮，唯包裹仍不方便，但可请香港钟先生代转，想来亦不是难事。希望常能接获您们的消息。

耑此，顺颂

编安

黄长美

敬上

(此信未注明日期，曾先生记得是1988年9月)

杨永生注释

[1]钟华楠(1931～),香港著名建筑师。

[2]实际上转载了1984～1985年卷《中国建筑年鉴》刊登的三篇文章。

[3]林洙，梁思成夫人。

黄长美，时任台湾《建筑师》杂志主编。

曾昭奋，时任《世界建筑》杂志主编。

侯仁之致王世仁信

(1989年10月20日)

世仁同志：

遵嘱已于昨天试写“白浮泉遗址”碑文初稿[1]，不足六万字，但结语无力。晚间接电话之后，得悉可以稍稍放宽字数，因此今天又就郭守敬之伟大业绩略作补充，字数稍有增加。

按《元史·河渠志》通惠河条，称郭守敬建言导引白浮泉，在至元廿八年(1291)，开工于廿九年春，告成于卅年秋。估计这次大规模修建，竣工当在明春，果然如此，则守敬之最初倡议，适满七百周年，刻石立碑之年也就最好作一九九零年之某月。即使今年竣工，碑文之写作仍可定为明年，月份待填。不知尊意如何？

文系初稿，恳请斧正，有须更加考虑者，务请见告。

承您为《北京历史地图集》起草推荐文稿[2]，甚为感激，容后面谢。

专此顺祝

时祺

仁之

10月20日

王世仁注释

[1]元代新建大都(今北京)，急需引水以济漕运，杰出的科学家郭守敬经过详细勘测，选定昌平龙山之白浮泉为补水源头，凿渠绕西山山麓西行，又折而南下入瓮山泊(今昆明湖)，再东南流入城内积水潭。渠长30余公里，高差仅数米，可见其选线测量之精密。后人曾在此建龙王庙、九龙池等。明清以后，漕运不再入城，水渠废弃，庙、池屡修屡毁，渐成荒芜。1988～1989年，北京市一商局休养所作为使用单位，对白浮泉遗址进行清理修复，成为一座休闲园林。此项工程由我主持设计。园中新建仿元碑亭一座，内立石碑，特邀北京大学侯仁之教授撰文，记叙白浮泉之历史价值。碑文题为《白浮泉遗址整修记》，载于侯仁之著《奋蹄集》(燕山出版社，1995年出版)。

[2]侯仁之主编《北京历史地图集》第一集、获1991年北京市科技进步一等奖。评奖申报前由我代北京市文物局起草推荐文。

北京大学

常沙娜致林洙信

(1991年5月20日)

林洙同志:

我一口气读完你寄来的《大匠的困惑》，可见写的效果是感人、真实、坦诚的，梁先生的形象似乎又显现在眼前，虽然后半部如此苦涩，但也是当时的历史，我们都不同程度地经历过来了。通过你对梁先生一生的回忆和怀念，又把我拉回到四十多年前的过去。我与梁先生及林徽因先生相处的时间很短(51～53年)，当时我还没有来得及领悟和他们相处是多么难能可贵的机遇，却又匆匆地因全国院系调整而离开了他们，来往也很少了。但是，正是受了他们关键性的影响，决定了我后来至今从事工艺美术教育事业和装饰设计的道路。

回首过去总觉得有很多的遗憾，看了你的书，感到遗憾的是我离开了清华园之后没有再专程去看望他们，特别是林先生病重时没有能够去看她，直到她去世后我才在追悼会上最后看到的是她的遗像，但是，后来我每去八宝山公墓时经常要去她的墓前默默瞻仰、凝视着她亲自设计的石雕的花圈(为英雄纪念碑设计的》似乎又见到了他当年那清瘦的音容笑貌。另外，令我感到尤为遗憾的是当年我参加1958年的人大会堂的建筑装饰图案设计时，我没有亲自向梁先生请教，这也说明当时我还是多么地不懂事，否则我会聆听他宝贵的教导，但是，我当时还是按照他们两位主张的意图，做为我的设计思想的，即：将敦煌的唐代图案风格、卷草的风韵进行图案设计的创新并融合在特定的形式、场合、功能(照明、通风)和材料(石膏浮雕花)等诸多方面的因素来未完成的(如：宴会厅)。看完你的书我又多了一个遗憾，那就是没有能够在他最痛苦孤寂的时候到医院领取“病房的会客牌”去看望梁先生。当然，那时我也不例外地正在河北农村下放劳动，73年回北京后才听说梁先生已故去。

人们应该感谢你在梁先生最痛苦的时候能时时地陪伴他，保护他，照料他，给予梁先生最宝贵的温暖，更应该感谢你能为梁先生的身世和他未尽的事业做出应有的整理和研究，为他的历史留下应有的记载，把足以反映梁先生的“梁思成传”写好。

最后，借此机会对本书提出我的建议和想法:

①书名应以“国宝梁思成”或“国宝的困惑”更好。

常沙娜，(1931～)女，满族，浙江杭州人。艺术设计教育家和艺术设计家。1931年3月出生于法国里昂。1945年至1948年在甘肃敦煌随其父著名画家常书鸿学习传统壁画。1948年赴美国波士顿美术博物馆美术学校学习，1950年冬回国，在清华大学营建系工艺美术教研组任助教。1952年全国高校院系调整，调中央美术学院实用美术系任助教。1956年成立中央工艺美术学院，任染织系讲师、副教授、教授。1983年至1988年1月任中央工艺美术学院院长。当选为中国美术家协会副主席。

②希望最后能继续四十五——答案，围绕纪念梁先生诞辰八十五周年纪念时，诸多的亲朋好友，学生同行们对他的怀念，对他的敬重，对他的业绩的肯定，应让梁、林二位在九泉之下，含笑喜闻祖国近十年来的巨大变化，北京的变化，事业的发展，也是他终生所追求、所响往的事业和理想。凡是对党对人民对祖国做出贡献的人们，党和人民是永远不会忘记的，乌云终究是暂时的，光明毕竟是长久的。

送给我父亲的那份，我定会转交与他，他现年已87高龄，身体尚好，但记忆不太好，老年性的衰退。

我的生活也几度坎坷，我丈夫不幸于89年去世（癌症），现在和年幼的儿子相依为命，工作也很忙碌，院内、家内双重担子也很重，总之，每人都有着一本难念的经，命运、人生就是如此莫测，但人生在于有所作为吧!

杂乱地写了以上的感想，这也是读完你写的这本书所引出的。不妥之处请谅。

致

敬礼

常沙娜

91.5.20

林洙同志：

我一口气读完你写的《大匠的困惑》，可见字的效果之感人，真实、坦诚的，梁先生的形象似乎又显现在眼前，虽然后半部如此地苦涩，但也是当时的历史，我们都不同程度地经历过来了。通过你对梁先生一生的回忆和怀念，又把我拉回到四十多年前的过去。我与梁先生及林徽因先生相处的时间很短（51－53年），当时我还没有来得及领悟和他们相处是多么难得可贵的机遇，却又匆匆地因全国院系调整而离开了他们，来往也很少了。但是，正是受了他们关键性的影响，决定了我后来走上了从事工艺美术教育事业和装饰设计的道路。

回首过去总觉得有很多的遗憾，看了你的书，使我感到遗憾的是我离开了清华园之后没有再多抽空去看望他们，特别是林先生病重时没有能够去看她，直到她去世后我才去追悼会上最后看到

张开济致陈希同信

(1991年7月11日)

希同同志:

你好!

近几年来，北京新建的大楼上出现了许多“小亭子”，其中有的效果较好，有的欠佳，也有的则很差。人们普遍认为，“小亭子”是市长的“爱好”，有“小亭子”的设计方案就比较容易得到市长的赞赏。于是，有些设计人员往往不是把精力用在如何贯彻党的建筑方针上，而是把脑筋用在如何迎合市长的“爱好”上。

我认为，人们的这种认识是很不全面的。首先，作为一位市长，尤其是北京市的市长，关心本市的建筑形式是完全应该的。其次，我体会你对于一些公共建筑有两个要求：一、要求建筑物的顶部轮廓线要丰富一些，不要搞方盒子；二、要求建筑物要有一定的民族形式，以配合故都风貌，不要一味模仿西方建筑。这两个要求更是完全正确的。

因此，我认为，在一些高楼大厦都加上“小亭子”并不是你的原意，而是对你的主张的一种误解或歪曲。个别人“假借官意”，贩卖私货，也有可能。

我对于“小亭子”有下列三点看法:

一、应该承认，“小亭子”应用恰当的话，可以丰富建筑轮廓线，和创造一定的民族形式。

二、同时也应当看到，“小亭子”并不是达到这个目的的唯一途径。假如从我国丰富多彩的建筑传统中吸取灵感，则不用“小亭子”，同样也可以满足市长的要求。

三、“小亭子”用得太多了，就会造成一种新的“千篇一律”，令人望而生厌。此外，还会使人看了产生一个错误的印象，好像中国建筑师的创作手法十分贫乏，离开“小亭子”，就做不出文章了，中国建筑的发展前途只能停止在亭子上了!

为此，我恳切希望你应该坚持你对于中国建筑的一些基本要求。这是你的职责所在，不能退让。在此同时，对外界对你的一些错误的认识，则应在适当的时机加以澄清。这将有助于把北京的建筑创作引到一个更广阔、更正确的发展方向。

上述一孔之见，仅供参考而已，是否有当，尚请指正。

此致

敬礼!

张开济 敬上

1991年7月11日

张开济(1912～)，1935年毕业于中央大学建筑系，曾任北京市建筑设计院总建筑师，被建设部授予勘察设计大师称号。他曾设计中国革命历史博物馆、钓鱼台国宾馆、北京天文馆、中央民族学院、三里河“四部一会”建筑群等。主要著作有《建筑一家言》等，中国建筑工业出版社出版。

陈希同，时任北京市市长，因受贿等罪于1998年被判刑。

陈植致杨永生信

(1991年12月29日)

永生同志:

此信到时，已逾元旦，在此祝来年健康愉快工作顺利。手示到达已两星期余，竟因终日伏案，来客又多，迄今才复至歉。承嘱写回忆录，多蒙关怀，感甚，但60～70年事已模糊不清，亦无多价值，恕我不能遵命，主要原因列下:

1）我貌似体健，实际正久患头晕、胃痛，前者由于脑血管硬化，后者在于萎缩性胃炎，已做胃镜五次并未见好，可见药效不大。医嘱少用脑，要“放松”。

2）我虽已不到建委办公，但在家所做工作不少，一是建委的科技咨询；二是浦东中心区与“新外滩”的规划；三是浦西的旧区改建(破旧需新建者800万m^2，旧里弄改建者2000万m^2)；四是近代建筑属一级者59项，属二、三级者有200项以上。我与规划部门在共同鉴定；五是我任顾问的文物管理委员会关于如何保护最后批准的近代建筑及如何修复、六是我所参加的地方志工作，特别是“建设修志”部分(这一工作要广集资料，去粗取精，去伪存真，刨根挖底，无懈可击，传予后人)。

以上种种，压力大，责任重。我老矣，余年无多精力只能集中，而按上述情况，精力也趋分散。老有所为，已几力竭，无能他顾矣。

我虽才疏识浅，但在上海，30年代的话见证，亦只我一人矣，因之，在志书一类的著作中，尚情不自禁地“要管闲事”，纠人之误。如最近北京出版物在17页中就发现重大错误11处，秉笔直书达二千余字，以防以误传误。此类“闲事”不可不管。不知不觉所书已盈篇，即比停笔，诸希鉴谅，为荷。专此即请

撰安

陈植 上

1991年12月29日

杨永生(1931～)，编审，曾任中国建筑工业出版社、中国环境科学出版社、中国建设报社副总编、总编、副社长，《建筑师》杂志主编。现已离休，任《建筑师》编委会主任、《中国建筑业年鉴》副主编。

陈植致杨永生信

(1992年8月26日)

永生同志：

年8月5日手示(17日才递达)，既感又喜。《建筑师》第43期所载“住宅建设笔谈会”撰文19篇，至今尚在得暇重温，受益匪浅。

《建筑师》第46期中钦楠[1]同志一文[2]，我认为由《当代中国的建筑业》编委之一的钦楠自行纠误为好。我所阅的《当代中国建筑业》仅王弗[3]同志这一篇；其他各篇有无以误传误，我看难免，因之我对《上海建设修志》[4]写了“修志箴言”：

广集资料　去粗取精　分门别类　提纲挈领　溯源于古　重点在今　研究分析　周密详尽　掌握原则　反复核审　去伪存真　是非分明　补遗纠误　以臻完善　不偏不倚　处事严谨　求是求实　结论公正　字斟句酌　铿然有声　刨根挖底　去伪存真　无懈可击　传诸后人

关于《建筑师》第46期钦楠同志一文中的所载均与上海有关，应在内部发行的《上海建设修志》转载。既已载于《建筑师》，则转载应得您的同意，转载时再加“编者按”。现得钦楠函承告尊意可转载，注明原文见诸《建筑师》第46期。专此即祝

迩绥并请撰安

陈植 上

8月26日

杨永生注释

[1]钦楠，系张钦楠(1931～　)，现为中国建筑学会副理事长。

[2]此文系指张钦楠撰写的《记陈植对若干建筑史实之辩析》，载《建筑师》，1992年6月出版。该文全文见此信附件。

[3]王弗(1925～　)，编审，长期从事建筑业报刊编辑工作和建筑业史志研究工作，现已离休，任《中国建筑业年鉴》常务副主编。

[4]《上海建设修志》系上海市建设系统地方志指导小组编的内部刊物。

永生同志

年8月5日手示(17日才递达)，既感又喜。《建筑师》第43期所载“住宅设计笔谈会”撰文19篇，至今尚在得暇重温，受益匪浅，均系您创导之功，佩甚。

《建筑师》第46期中钦楠同志一文

我认为由《当代中国的建筑业》的编委之一钦楠

附：记陈植对若干建筑史实之辨析

张钦楠

1991年11月，是我国建筑界老前辈陈植先生从事建筑事业65周年纪念，又值陈老90寿辰，我受中国建筑学会同仁之托，趁去南京开会之机，绕道上海登门祝贺。看到陈老身体健康、精神矍铄、记忆敏捷、谈笑风生，极受鼓舞。谈话中，陈老非常严肃认真地告我，他在参加上海市修志工作中，最近参阅了1989年出版的《当代中国的建筑业》[1]一书(我的名字也列在该书编委会之列)，发现有的章节存在较多史实上的误传，乃用几天时间，把问题一一摘出，除凭自己的记忆外，还多方查找文献资料，予以对证，力求准确无误。陈老说，以前曾看到台湾的吴光庭先生所写的《一页史话——记早期中国留学生之发展》一文及黄健敏先生所撰《中国建筑教育——溯往》一文[2]，其中失实之处甚多，但两人远在海峡彼岸，消息不灵，依据不足，出于以误传误实也难怪，而《当代中国的建筑业》，乃是《当代中国》丛书之一部分，视听所及，不但在大陆，即使在台、港、澳及国外均影响极广，认为是具有至高权威性，无可置疑。因之必须本着“刨根挖底，去伪存真，无懈可击，传诸后人”之精神予以更正。

陈老这一番话，使我深受感动，受益至深。现将陈老提出的问题，一一录之于后，以供建筑界同仁共阅。

(一)书中第37页第3～5行，原文：“一九二二年前后，关颂声自美国麻省理工学院和哈佛大学留学回国后，组织基泰工程司，‘建树于津沪颇多’(原文注：自《梁思成文集(三)》)。之后，陆续参加的有杨宽麟、杨廷宝、朱彬等。”

陈老指出：关颂声1914年毕业于清华学校后留美，1919年在麻省理工学院获建筑学士学位又在哈佛大学研究院进修一年，1920年返国在天津成立基泰工程司，朱彬1921年在宾夕法尼亚大学[3]获建筑硕士学位，1923年回国即加入基泰，我当时由北京专赴天津见他，因我正拟至宾校学习。杨廷宝1924年在宾校获建筑硕士学位，1927年游欧返国时，我尚在宾校与他握别。杨返国即参加基泰，因此，基泰的英文名称从Kwan,Chu and Associates改称Kwan,Chu and Yang。杨宽麟为密西根大学土木硕士，因系结构工程师，故四人中名列第四。

(二)第37页第9～10行，原文：“一九三一年，童寯辞东北大学建筑系主任职务以后，同赵深、陈植组建上海华盖建筑师事务所。”

陈老指出：华盖的前身为1931年的赵深-陈植建筑师事务所，而赵陈事务所的前身乃1930年的赵深建筑师事务所[4]。童在“九一八事变”后，于1931年冬来上海，可参阅《建筑师》第40期我所撰《学贯中西，业绩共辉》一文(第155页右11～21行)，并出示1932年11月15日大上海大戏院设计图上赵深、陈植建筑师事务所盖章复印件及同一工程在1933年3月21日华盖建筑师事务所盖章复印件。

(三)第37页第16～18行，原文：“徐敬直、李惠伯于一九三〇、一九三二年先后自美国密西根大学留学归国后，在上海组建了兴业建筑事务所，也集中了一批设计专业人才。”

陈老说：“兴业建筑师事务所，系三人合伙：徐敬直、杨润钧、李惠伯”。上海《徵信工商行名录》1935年期已将三人如此排列，但未注明三人所获学位。此行名录均是由每一行业、每一家自行付费登载的。

(四)第37页末4～6行，原文：“一九二一年自美国伊利诺大学留学归国的庄俊，一九二二年、一九二五年自美国留学归来的范文照、董大西等，曾分别组织庄俊建筑事务所、范文照建筑事务所、董大西建筑事务所”。

陈老指出：庄俊1910年由清华学校送美入伊利诺大学，1914年获学士学位回国，在清华任驻校建筑师，兼任教学人，1925年在上海设事务所(可参考《中国大百科全书(建筑、园林、城市规划)》第953页)。至于董大西，我在1927年尚在纽约见到他，他在哥伦比亚大学也得硕士学位(可参考《建筑师》1982年第10期》。另可参考《建筑师》第40期中纪念柳士英一文中关于刘敦桢等四人已早于庄俊在1922年即在上海成立的华海建筑师事务所这一事实。

(五)第38页第7~8行，原文：“基泰工程司同仁和远渡重洋学成归国的中国青年建筑师冲破重重牢笼，共同向租界说理斗争，夺回了设计权，在建筑设计领域里作出了自己的贡献”。

陈老说：这一情况，我从未闻之于关颂声，亦未闻天津华信工程司沈理源(毕业于意大利罗马，学位不明，在天津设华信工程司，大致与基泰工程司同时)有此遭遇。

以上海而言，1920年前后的情况主要是中国建筑师人数少，势力薄，加以大型工程均系外商投资，而中国工商界资本家又崇洋，所以中国建筑师在开展业务方面机会少，困难多。但在租界申请设计执照只有一个条件，即按照建筑管理法规行事。因此，连毫无学历、从业光地产公司学徒出身的上海第一位建筑师周惠南(1872~1931年)也设计了爵禄饭店、一品香饭店、中央大戏院(现工人文化宫俱乐部)、天瞻舞台(后因盖永安公司“七重天”而拆去，现在的天瞻舞台是另一个)及1917年的大世界等。他的事务所名周惠南打样间。

(六)第38页第12~17行，原文：“一九二五年三月孙中山先生逝世后，以竞选方式征求孙中山陵墓图样……。年仅31岁的吕彦直所设计的钟形(平面)图案获得首奖，随即被聘为陵墓建筑师。……工程开始不久，吕彦直不幸病逝，于是改聘陵墓设计第三名获奖者范文照继任，直至工程全部竣工”。

陈老指出：钟形指陵园总体，非陵墓本身。当1929年整个陵墓工程完工后于6月举行奉安大典，当年9月我即由美返国。当时建筑界无人不知吕彦直逝世后，陵墓工程全由李锦沛完成。广州中山纪念堂工程亦由李锦沛完成。陈老并示阅林克明先生1991年5月复陈老函，林老在函中称：“关于来信问及广州中山纪念堂工程问题，该方案由吕彦直建筑师获首奖，他不幸早逝，技术设计由李锦沛建筑师负责完成。我于1929年受广东省政府之聘，为中山纪念堂顾问建筑师(在纪念堂管理委员会工作，即代表甲方负责技术审核和工程监理工作，直至全部竣工)”。陈老还提出，《建筑师》第40期《中山陵始末》一文(101页右末2~8行及104页)中有奉安大典时李锦沛(左立者)及其助理建筑师黄檀甫合影照片。

(七)第43页第15行，原文：“一九二三年刘敦祯(注：为“桢”字之误)自日本留学归来，在苏州工业专科学校创立建筑工程系…”

陈老说：“按《中国大百科全书(建筑、园林、城市规划)》第304页，刘老回国在1922年。《建筑师》第40期《纪念柳士英》一文中说，刘老于1922年已与三位留日同学在上海成立华海建筑师事务所。刘老夫人陈敬所撰一文《履齿苔痕——缅怀士能的一生》中亦言：“那是在1922年春天，士能从大学毕业后，经过约莫一年实习，就由日本回到上海。”1925年刘老才任教于苏州工业专科学校(见《中国大百科全书(建筑、园林、城市规划)》第304

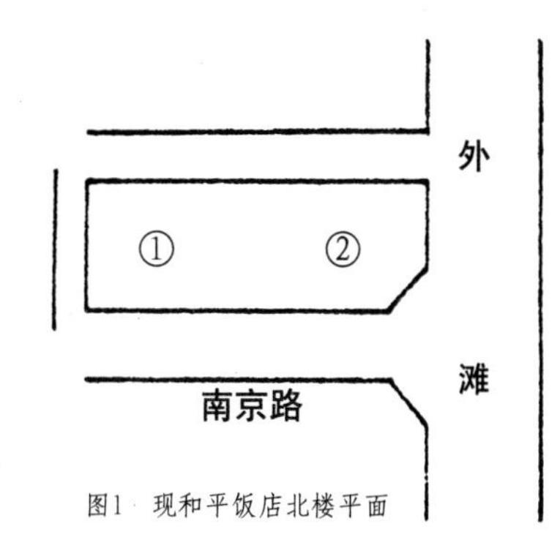

图1 现和平饭店北楼平面

页)。

(八)第43页第15行，原文："一九二七年梁思成留美归来后，在东北大学建立建筑系，任教者有林徽音、陈植、童寯、蔡方荫"。

陈老指出："我与思成在清华同班，我1923年毕业，赴美宾夕法尼亚大学建筑系学习，他因车祸推迟至1924年与其未婚妻林徽音进入宾校，1927年获建筑硕士学位，徽音得美术学士，然后思成去哈佛大学，林至耶鲁大学各进修半年。1928年在加拿大结婚(他姐夫当时为中国驻加首都渥太华总领事)，然后夫妻俩游欧返国，1928年秋在东北大学由思成建立建筑系。我就是由他函催于1929年秋往东北大学的，可参阅《梁思成先生诞辰8 5 周年纪念文集》第231页14～15行及232页3行梁再冰《回忆我父亲梁思成》一文。"

(九)第46页第3～4行，原文："1931年专门从事古建筑研究的《中国营造学社》在上海成立。"

陈老指出：中国建筑界一般皆知(在北京即可问吴良镛、罗哲文、单士元诸君)，中国营造学社的创始人是朱启钤(字桂莘)。他独自出资于1929年创办中国营造学社。在我1929年返国时，他出资刊印的彩色《宋·李明仲·营造法式》已发行。我在东北大学1929年9月至1931年2月的三个学期中，桂老已几次来沈阳(桂老有两女及婿在沈阳)力劝思成参加该社。思成与徽音于1931年夏即辞东北大学建筑系职务，赴北京进入中国营造学社。"

(十)第50页末第4行，原文："华懋饭店(锦江饭店)"。

陈老说：现和平饭店北楼图1 的①为华懋饭店(Cathy Hotel，旅馆部分)，②为沙逊大厦(Sassoon Building，办公楼)，现在的锦江饭店北楼亦由沙逊投资，称为华懋公寓(Cathy Mansions)。

(十一)第52页第7～10行，原文："二十世纪二十年代，津沪外国租界尚不准中国建筑师在租界开业。当时，中国银行兴建新楼[5]，中国银行自己的建筑师也无权独立设计，最多是外国建筑师在立面细部上适当运用中国建筑师设计的几个构件"。

陈老说：二十年代在上海没有中国建筑师不准在租界开业的事，如前面提到土生土长的周惠南就于1915年左右开业。实际上，20年代在沪租界，开业的中国建筑师已有不少。至于中国银行的设计，建筑界均知道所有图纸所盖章均为"公和洋行建筑师，陆谦受建筑师协作"(Associate)。陆是中国银行建筑课课长(即总建筑师)，为我之挚友。当时，中国银行总裁张嘉璈(字公权)理所当然地要陆设计，陆是张在伦敦考察时相识，并亲自聘请的。宋子文对大楼新的设计进行了干涉，说委托上海最好的外国建筑师Palmer and Turner(设计过沙逊大厦、汇丰银行、江海关…) 设计而出了毛病，别人无可指责。事实上，陆是建筑大师，但中行新楼，公和洋行亦担负了设计，并非只顾立面细节，否则中国银行难向宋子文作交代。

(十二)第52页第16～19行，原文："由于外国人独揽设计，他们的设计规范、材料规格乃至一切技术条件，都是以外国的为蓝本。有多少外国建筑师设计的建筑，就有多少国家的技术标准…。”

陈老说：“设计规范及技术标准当时在上海只有三种：一是中国工务局的，二是公共租界的，三是法租界的，绝无由外国建筑师任意各行其事，这是我国工务局，两个租界的工部局绝不允许的。况且，上海的外国建筑师有英、美、法、日本、澳大利亚、匈牙利，捷克，白俄，工部局何能执行这许多国家的建筑法规。

(十三)第53页末3~4行，原文：“整个上海的建筑形式五花八门，杂乱无章，极不协调。各个租界地段实际形成“国中之国”，被讥称为“万国建筑博览会”。

陈老指出：上海建筑形式与风格之多，恐其它城市所不能及，在国外恐亦罕见，甚至还有印度教堂、伊斯兰住宅等，中外闻名，绝非“五花八门”，而是丰富多彩，特别是外滩，同济大学罗小未教授于1986年在由麻省理工学院与日本大阪大学合办的国际学术会议上以《上海的外滩》为题发言，大受赞赏，因此在意大利《空间与社会》刊物上登载。上海前市委书记陈国栋与朱镕基两位亦曾当众提上海是“万国建筑博览会”这一事实，认为这是正确的。

最后陈老说，在《当代的中国建筑业》中似曾提到《园冶注释》一书系陈植所著。这位陈植字养材，乃南京林业大学教授(著名园艺学家)，逝世已数年。我字直生，比养材小两三岁，两人身材相仿，曾几次相晤甚欢，合影为念。

当日谈话时在座的还有罗小未教授与(博士研究生)伍江(已故山东建筑设计院总建筑师伍子昂之孙)，以及陈翠芬同志，我们都认为陈老所指出的，涉及我国现代建筑许多开拓老前辈的早期史实，极为重要。翌日清晨，陈老还打电话到同济大学招待所向我再三谈及这些问题。陈老长我整30岁，谈话全无长辈架子，令人极感亲切。这次祝寿，本是聊表心意，却有如此收获，得到了许多书本上没有的知识及教育，内心欣喜不已。回京后，即与杨永生研究，一致认为，陈老指出诸点，对了解我国现代建筑业创业史，有重要意义。他所强调的十六个字，更应成为我辈治学著文之准绳。在杨永生同志之敦促下，乃整理成稿，以求正于陈老及广大读者。

1992年2月于北京

注释

[1]该书由中国社会科学出版社出版。

[2]吴光庭文见台湾《建筑师》1983年7月，黄健敏文见台湾《建筑师》1985年11月。

[3]宾夕法尼亚大学设在费城，系私立，另有宾夕法尼亚州立大学，设在宾州的大学公园城，两者常被人混淆。

[4]抗战胜利后，原某某建筑事务所一律由中国建筑师学会决议改称某某建筑师事务所，华盖建筑师事务所英文名称为The Allied Architects Shanghai。

[5]陈老还指出：“中国银行兴建新楼”，想系指外滩该行大楼，如仅是“新楼”，则在现四川北路(海宁路角支行)与南京西路(石门一路角支行)尚各有新楼一幢，均为高楼。这两工程均为陆谦受独自设计。

潘祖尧致新华社香港分社信

(1992年9月30日)

新华社香港分社:

今年九月八日至十一日，应北京中国建筑工业出版社《建筑师》杂志之邀，我到哈尔滨市参加了“建筑师杯”全国中小型建筑优秀设计评选活动。全国有122家设计院送来209项工程的图纸参加评选。这些工程都是1986~1991年这六年期间建成投入使用的，共评出优秀奖八项，表扬奖十九项。这是一件十分有意义的工作，我热诚支持!

参加评选会议的，还有张开济、戴复东、钟训正、彭一刚等国内著名专家教授。

这期间，除了评选和学术讨论外，我们还应哈尔滨市城市规划局之邀，参观了城市建设，听取了情况介绍，并对该市的城市建设提了一些意见。

现将我的意见，反映如下:

一、哈尔滨是一座近百年来才开发的一座优美的、新兴的城市，有许多全国乃至国外都闻名的轻重工业厂家，有便利的水陆交通，有许多内陆城市少见的各种欧洲风格的建筑，特别值得称赞的是近十多年来又有了很大发展，建了一些设计手法高超的楼宇。

二、关于城市规划问题。据介绍，他们拟在松花江以北建设一座能容纳10万人的卫星城。对此，我有不同意见。我认为，世界各国迄今所建卫星城成功者少。特别是这江北地区没有就业条件，居住者往来市区，必要通过松花江大桥，届时反而增加交通阻塞，卫星城距市中心较远，势必会有诸多不便，唯恐难以移民。

现在看，城市绿地规划面积不小，在市区东南部尚有大片空地可以发展。中国的城市人口众多，而可用土地又甚为不足，故今后在城市发展中节约土地，必将成为一个十分重要的课题。因此，在新开发区中，更要注意土地的开发效益。新开发区，似应成片地发展，不宜再像有的开发区那样，占用地盘很大，建设分散，投资浪费，效益很差。

三、关于市内交通问题。哈尔滨的市区街道比内陆许多城市来说，并不算窄小，但，由于车辆猛增，再加上有的地方道路规划不尽合理，造成目前市内交通十分混乱。我每次乘车外出，都见到一两起交通事故。诚然，建立交桥，拓宽道路，限制增加车辆，都是一些有效的办法。但限于经济条件，这些在短期内无法办到。

我认为，哈尔滨的交通混乱，主要原因是管理不善，管理不严。那几天，在大多数十字路口，见不到交通警察，无人管理，无人让路，人车混杂，堵车现象很严重。

当前，只要加强管理，严加管理，市内交通肯定会大为改善。

四、关于文物建筑保护问题。据介绍，哈尔滨市政府几年以前就对近代建筑进行过普查，并经专家鉴定确定了保护建筑名单，挂上了市政府制作的铜牌。这是非常值得其他城市学习。

据闻，此信已于当年转给哈尔滨市政府，并在内部简报上刊登。

潘祖尧(1942~)，香港出生，全国政协委员、香港建筑师学会前任会长。1968年毕业于英国伦敦AA学院，1973年创立潘祖尧建筑师事务所，1986年建立潘祖尧顾问有限公司。主要著作有《现实中的梦想——建筑师潘祖尧的心路历程(1968~1998)》。

但在实际工作中，却还存在一些问题，比如，在翻新旧店的门面中，容许出现不伦不类的铝质装饰及招牌，因此失去和掩盖了旧有建筑的原来的面貌，其效果变得令人啼笑皆非。另一个例子便是透笼街的圣·索非亚教堂[1](建于1923~1932年)，它是一座规模较大的受拜占庭建筑影响的东正教教堂(见附照片)　。现在，它已成为大陆唯一的东正教大教堂，无论是设计还是施工，均可称为建筑佳品。然而，它的现状却令人惨不忍睹。现教堂为百货公司的仓库，它的前面是一条拥挤不堪的家具批发零售市场。不知为什么，这个市场占用了整个一条街，以致人行困难。若不尽快加以保护，唯恐惨遭彻底破坏。万一遭火灾，后果不堪设想。到那时，后悔晚矣！圣·尼古拉大教堂，在“文革”中被毁，至今人们都还惋惜不已。教训是惨痛的，应该吸取。

还有一个中央大街问题。市政府曾决定把这条街保护起来，这无疑是正确的，虽然这条街的建筑，就世界范围来说，不能认作是一流的，但它极富特色(就中国来说)，是过去人们称哈尔滨是“东方小巴黎”的主要象征。

我同意国内专家们的意见，应改为步行街，加强保护，且其建筑不得随意拆除、改建。

五、关于建筑创作问题。各个不同的时代，有不同的建筑。哈尔滨的旧建筑，是该市过去的遗物，表现了旧的时代。今天建新的建筑，没有必要再去按照那些旧建筑的样子去设计去仿造，没有必要建造“假古董”。新的建筑要体现新的风貌、新的科技成果，体现新的时代，且一定要适宜北方气候的特点，不可以照抄照搬南方建筑。

因为在哈尔滨逗留的时间短，且又是第一次。以上意见很可能脱离实际，只能供参考。

如无不妥，可转达有关部门参考。

潘祖尧

一九九二年九月卅日

于香港

杨永生注释

[1]圣·索非亚教堂于1997年修复并拆除它附近的建筑，迁走家具市场，新修了教堂前广场，教堂内设哈尔滨建筑展览，深得市民赞扬。

[2]道里中央大街已辟为步行街并修建了一些建筑小品，成为哈尔滨市的一大景观，人民群众拍手称快。

哈尔滨圣索菲亚教堂局部

新華社香港分社：

今年九月八日至十一日，應北京中國建築工業出版社《建築師》杂誌之邀，我到哈尔濱市参加了《建築師杯》全國中小型建築优秀設計評選活動。全國有122家設計院送來209項工程的圖紙参加評選。這些工程都是1986－1991年這六年期間建成投入使用的，共評出优秀奖八項，表揚奖十九項。這是一件十分有意義的工作，我热誠支持！

参加評選会議的，還有張开济、戴复東、鍾訓正、彭一刚等國內著名專家教授

這期間，除了評選和學術討論外，我們还应哈尔濱市城市規划局之邀，参观了城市建設，听取了情况介紹，并對該市的城市建設提了一些意見。

钱学森致顾孟潮信

(1992年10月2日)

顾孟潮同志:

您赠的《奔向21世纪的中国城市——城市科学纵横谈》已收到，十分感谢，9月24日信也收到。

现在我看到北京市兴起的一座座长方形高楼，外表如积木块，进去到房间则外望一片灰黄，见不到绿色，连一点点蓝天也淡淡无光。难道这是中国21世纪的城市吗?

所以我很赞成吴良镛教授提出的建议：“我国规划师，建筑师要学习哲学、唯物论、辩证法，要研究科学的方法论”(书166页)。也就是要站得高看得远，总览历史、文化。这样才能独立思考，不赶时髦。对中国城市，我曾向吴教授建议，要发扬中国园林建筑，特别是皇帝的大规模园林，如颐和园、承德避暑山庄等，把整个城市建成一座超大型园林。我称之为“山水城市”。人造的山水！当时吴教授表示感兴趣。

我看书中也有好几篇文章似有此意。所以中国建筑学会何不以此为题，开个“山水城市讨论会”?[1]

以上请教。

此致

敬礼!

钱学森

1992.10.2

顾孟潮注释

[1]10月9日我收到这封信后，感到这封信非常重要，便于10月9日写信给中国建筑学会理事长叶如棠副部长，说：“今送上钱学森同志1992年10月2日复我的信。该信内容涉及‘21世纪中国城市向何处去’的大问题，对目前的城市面孔及规划建设方式提出了他的看法，并建议中国建筑学会以此为题，召开‘山水城市讨论会’。”

叶副部长于11月8日批示，请干岭同志阅。周干峙副部长11月24日批示，建议转规划及城科两学会，在适当时机讨论研究。

10月16日我又给侯捷部长写信报告此事，我信中说：可以从信的内容看出来，决不是写给我个人的。因为信的内容涉及到‘21世纪的中国城市向何处去’这个大问题，并提出‘山水城市’的科学设想，似应作为指导我部工作的重要文献，宜让更多的同志了解、学习和体会钱老的思路。特送上一份复印件望您批示”。

侯部长10月21日做了如下批示：“请周、储部长阅，要研究这方面的问题，此信也可在将召开的城建工作会议上印发给大家一阅”。

10月18日我就此事给周干峙副部长写信，送上钱老10月2日信复印件，并附上我的几条建议。周副部长10月24日做了如下批示：“这个问题提得很及时，要我们做许多工作，同意所提意见及侯捷同志指示，特别是宣传教育，提高社会对环境的认识，新成立的环境艺术学会也开始以此为题，开一次座谈会，然后宣传报道”(周干峙同志为环境艺术委员会会长)。

钱学森(1911～)，浙江杭州人，1934年毕业于上海交通大学机械工程系，1935年赴美国入麻省理工学院航空系学习，后转入加利福尼亚理工学院航空工程系。1938年获航空与数学博士学位。1942年任麻省理工学院终身教授，1949年任加利福尼亚理工学院教授。1955年10月回国后历任七机部副部长、国防科技委副主任、国防科工委科技委副主任、中国科协主席，中国科学院院士。

顾孟潮(1939～)，1962年毕业于天津大学建筑系。曾任《建筑学报》编审、建筑杂志社副社长兼副总编。教授级高级建筑师、东南大学兼职教授。现为中国建筑学会编辑工作委员会副主任、中国建设文协环境艺术委员会常务副会长。

与此同时，我写信给吴良镛教授，报告此事，也寄去钱老10月2日给我信的复印件。吴教授回我信中说，“钱老关于‘山水城市’的信已捡出，复印付上，我是非常赞同钱老的远见博识，建筑、园林、规划应当分头或联合起来举行座谈。因为它既有理论意义也有现实意义。最好留一点时间让人准备把会开好，什么时间开会，望告诉我，当参加”。吴教授随信寄来1990年7月31日钱老关于山水城市给吴良镛的信。钱老在信中说：“我近年来一直在想一个问题：能不能把中国的山水诗词、中国古典园林建筑和中国的山水画溶合在一起，创立‘山水城市’概念?人离开自然又要返回自然。社会主义的中国，能建造山水城市式的居住区。”

后来又得知，钱老于1992年3月14日给合肥市副市长吴翼同志信也论及山水城市，钱老说：“近年来我还有个想法：在社会主义中国有没有可能发扬光大祖国传统园林，把一个现代化城市建成一大座园林?高楼也可以建得错落有致，并在高层用树木点缀，整个城市是‘山水城市’。”

根据以上情况和周干峙同志10月18日指示精神，1993年2月27日在建设部会议室召开了“山水城市讨论会”，钱老送来了《社会主义中国应该建山水城市》的书面发言，与会者进行了热烈的讨论，吴良镛教授做了“‘山水城市’与21世纪中国城市发展纵横谈”的专题发言。会后新闻媒体做了广泛的报道，引起国内外的强烈反响，于是一场探索21世纪社会主义中国城市模式——山水城市的学术讨论活动兴起了，7年来持续不衰。

顾孟潮同志：

您赠的《奔向21世纪的中国城市——城市科学纵横谈》已收到，十分感谢！9月24日信也收到。

现在我看到北京市兴起的一座座长方形高楼，外表如积木块，进去到房间则外望一片灰黄，见不到绿色，连一点点蓝天也淡淡无光。难道这是中国21世纪的市城吗？

所以我很赞成吴良镛教授提出的建议：“我国规划师、建筑师要学习哲学、唯物论、辩证法，要研究科学的方法论”（书166页）。也就是要站得高看得远，总览历史文化。这样才能独立思考，不赶时髦。对中国城市，我曾向吴教授建议：要发扬中国园林建筑，特别是皇帝的大规模园林，如颐和园、承德避暑山庄等，把整个城市建成为一座超大型园林。我称之为“山水城市”。人造的山水！当时吴教授表示感兴趣。

我看书中也有好几篇文章似有此意。所以中国建筑学会何不以此为题，开个“山水城市讨论会”？[1]

以上请教。

此致

敬礼！

钱学森

1992.10.2

章翔致唐璞信

(1993年12月)

唐璞学长如见:

想当年1930~1931，在东北我们这班的五虎将(单名的)，以你最长，张镈、费康、林宣和我，都记忆犹新。

●费康风度翩翩，和霭可亲，记得九一八之夕他在宿舍负责联系，一一在念，不幸他是最早离去。

●林宣在江西和我合作过半年，营造飞机场，他的□年劲和卖力，到今感感不忘(据闻在西安)。

●张镈 ，在前三四年我去北京，相聚数次，并曾邀我合作在厦门“京台公司”之大计划。后以计划过于庞大，经济可行性有问题未能进行。

他到老当益壮，仍能上桌子，动手计划，可敬可佩。

●你老大哥一向谨慎努力，替国家出力一定很多。

※ ※ ※

我则在出席台湾第一次工程师学会(1948)，无意中获得几件设计工程，影响我下半生的行动方向，由台湾而东京，转冲绳岛而移民美国夏威夷，做了四十余年岛民。

我在法比学建筑，以美术为重，

1947年政府派来美国，加入Albert Kahn事务所，以研究工业建筑为主。

1958年移民来美之后，发现资本主义环境中一切建筑计划无不以财务牟利之可行性为重，又重新学起。效能、规划、经济，然后美化，思维路线大有改变。

美国人民平均收入稍高，工作时间缩短，休闲游乐为生活重要之一部分，所以设计水平亦将偏高。

※ ※ ※

我并未专业化，所以设计范围包括机场、旅馆、公寓、警察局、监狱、大学、中学校舍、医院，业务中等。

我现在75岁，身体很好，记忆力、分析力尚可，所以并未退休。

我事务所约有十六七人(但不太赚钱，可维持)。一点积蓄是多年前买了几座公寓，涨价啦，一笑。

我有两个儿子学建筑。

老三章楷 Kennetti是哈佛大学硕士。在洛杉矶Los Angeles开业，以开发顾问为主，已渐入佳境中。

老五章恒Henry是哥伦比亚大学硕士，现在夏威夷自行开业，起步中，他能否学习的快，追上我们的业务，尚难确定。

老大是Kail章贡是麻省理工硕士，学电脑，现在与人合作做一种机器应市，很畅销。

两个女儿平Peggy、穗Vicky是职业妇女，老大在大学教书(化学)，老四当律师。

孙子孙女共6人。

寄上全家福照片及我夫妇照各一帧，留念。

※ ※ ※

早几年，我原本想回国设计几个国际机场，如今放弃这个念头了(如无力感、使不上劲)，还是在美国做做算啦。

章翔

1993年12月写

章翔,30年代初就读于东北大学建筑系，1958年移居美国。

唐璞，(1908~),山东青州人，1934年毕业于中央大学建筑系，1950~1979年任西南建筑设计院总工程师，后任重庆建筑工程学院教授、建筑系主任等职。

唐璞学长如兄：

想当年1930-31在东北我们这班的王虎峰(单名的)认俊辰，张镈，费康，林宣，和我都记忆犹新.

。费康风度翩翩，和蔼可亲，记得九一八之夕他在宿舍负责连繫，一一告知，不幸他是最早离去。

。林宣在江西和我合作过半年营造飞机场，他的当年干劲和气力，至今感人不忘，(据闻在西安)

。张镈在前三四年我去北京，相聚甚欢，并曾邀我合作在厦门"宾馆"之大计划，

后以计划过于庞大，经济可行性有问题，未能进行.

他到老当益壮，仍能上房子，动手计划，可敬可佩

·你老大哥一向谨慎努力，替国家出力一生服务，

我则在出席台湾第一次工程师学会1948，无意中获得铁件设计工程，影响我下半生的行动方向，由台湾而东京，转冲绳岛而移民美国夏威夷，做了四十余年岛民.

suite 202 • 1019 waimanu street • honolulu hawaii 96814 • telephone 808 • fax 808

钱学森致顾孟潮信

(1994年3月1日)

顾孟潮同志:

我很感谢您2月27日晨写来的信及附《个人业务自传》,您使我学到了许多东西!

我国建国后一切学老大哥,一切都是计划经济,体制也如此。建筑科学院属国家建设部门,自然只重工程,对建筑工程的上层学问就一概顾不得了!尤其是建筑这门学问是横跨自然科学、社会科学与艺术的,老一套体制是无法办好的。幸而现在党中央在邓小平建设有中国特色的社会主义思想指导下,破旧立新,建筑科学将大有可为了!我看气氛已经在变:近见《建筑师》杂志1993年54期就刊载了“建筑与文学 ”学术研讨会[1]的论文,55期刊有“建筑与心理学”学术研讨会[2]的论文。

您在信中谈了信息体系[3],很好。我在这几年也一直宣传现代科学技术的体系,与您不谋而合!我的想法见附上钱学敏同志文,请指教。

此致

敬礼!

钱学森

1994年3月1日

杨永生注释

[1]1993年5月26日~30日由南昌市土木建筑学会,中房集团南昌房地产公司和《建筑师》杂志编辑部主办的“建筑与文学”学术研讨会,来自全国各地的50余名著名作家和建筑学家参加了会议。会后,1993年10月出版的《建筑师》杂志刊登了“写在纪念册里的话”、会上发言和20篇论文。

[2]1993年7月20日~25日在吉林市由中国建筑工业出版社、哈尔滨建工学院和吉林市土建学会联合召开了“建筑与心理学”学术研讨会。会后,在当年12月出版的《建筑师》杂志上发表了《关于促进建筑环境心理学学科发展的倡议书》和13篇论文。

[3]顾孟潮在信中谈了他对信息的属性、分类和对策所作研究的成果,并提出建立“信息塔”的概念。

本市三里河路9号 中国建筑学会
顾孟潮同志:

我很感谢您2月27日晨写来的信及附《个人业务自传》,您使我学到了许多东西!

我国建国后一切学老大哥,一切都是计划经济,体制也如此。建筑科学院属国家建设部门,自然只重工程,对建筑工程的上层学问就一概顾不得了!尤其是建筑这门学问是横跨自然科学、社会科学与艺术的,老一套体制是无法办好的。幸而现在党中央在邓小平建设有中国特色的社会主义思想指导下,破旧立新,建筑科学将大有可为了!我看气氛已经在变:近见《建筑师》杂志1993年54期就刊载了“建筑与文学”学术研讨会的论文,55期刊有“建筑与心理学”学术研讨会的论文。

您在信中谈了信息体系,很好。我在这几年也一直宣传现代科学技术的体系,与您不谋而合!我的想法见附上钱学敏同志文,请指教。

此致

敬礼!

钱学森
1994.3.1

钱学森致王明贤信

(1994年7月2日)

王明贤责任编辑：

您7月11日来信及所赠《建筑师》第57期都收到，我十分感谢!

读看了此刊30页上楠溪江中游乡土建筑照片及说明，也读了此刊36页上您的文章，深受启示。今后我还要再读看这两篇文画。但书[1]既在台湾出版，购买不便，我也就不麻烦陈志华教授了，等待我们自己的版本吧。

我翻看这期《建筑师》也感到今天我国建筑师对怎样在继承我国历史悠久的文化传统之基础上，又开拓前进，创造出21世纪的中国建筑文化，似尚无明朗的认识。正如这期封面上曹扬的摄影，从历史走向未来，历史是光明的，而未来呢……! 搞清这个大问题恐是我国建筑师们的首要任务。　此言当否? 请教。

此致

敬礼!

钱学森

1994.7.21

王明贤注释

[1]指陈志华、楼庆西、李秋香著的《楠溪江中游乡土建筑》，此书由台湾汉声杂志社出版。

王明贤责任编辑：

您7月11日来信及所赠《建筑师》第57期都收到，我十分感谢！

读看了此刊30页上楠溪江中游乡土建筑照片及说明，也读了此刊36页上您的文章，深受启示。今后我还要再读看这两篇文画。但书既在台湾出版，购买不便，我也就不麻烦陈志华教授了，等待我们自己的版本吧。

我翻看这期《建筑师》，也感到今天我国建筑师对怎样在继承我国历史悠久的文化传统之基础上，又开拓前进，创造出21世纪的中国建筑文化，似尚无明朗的认识。正如这期封面上曹扬的摄

王明贤(1954～　)，现任中国建筑工业出版社《建筑师》杂志副主编。

钱学森致陈志华、楼庆西、李秋香信

(1994年8月17日)

陈志华教授、楼庆西教授、李秋香教授：

您3位8月13日来信及所赐尊著《楠溪江中游乡土建筑》、《中国宫殿建筑》都收到，我十分感谢！4本台湾出版的书，定价共计台币1，530元，要是去买，我会难于下决心的。真是感谢了！

您们专心研究我国传统建筑和乡土建筑文化，使我很感动！我们都是有几千年高度文明的中国人，怎么能丢了自己的文化传统，一味模仿洋人的建筑，搞高层方盒子？我不懂建筑这门学问，但心里总怀着这个问题。也总念念不忘梁思成教授！

有没有去路？当然要下气力研究中国的传统建筑文化，但这还不够，还应该把中国建筑气格融入中国的现代建筑中去。我近年来一直宣传我们中国人贝聿铭先生，和他的创作北京香山饭店。香山饭店是现代化的，但又全是苏州园林的风味！我也从此悟出一个理想，即“山水城市”。这是出路吗？

我以上这些外行话，请您们指教。

此致

敬礼！

钱学森

1994.8.17

陈志华教授、楼庆西教授、李秋香教授：

您3位8月13日来信及所赐尊著《楠溪江中游乡土建筑》、《中国宫殿建筑》都收到，我十分感谢！4本台湾出版的书，定价共计台币1,530元，要是去买，我会难于下决心的。真是感谢了！

您们专心研究我国传统建筑和乡土建筑文化，使我很感动！我们都是有几千年高度文明的中国人，怎么能丢了自己的文化传统，一味模仿洋人的建筑，搞高层方盒子？我不懂建筑这门学问，但心里总怀着这个问题 也总念念不忘梁思成教授！

有没有去路？当然要下气力研究中国的传统建筑文化，但这还不够，还应该把中国建筑气格融入中国的现代建筑中去。我近年来一直宣传我们

陈志华(1929～)，清华大学建筑学院教授。
楼庆西(1930～)，清华大学建筑学院教授。
李秋香(1955～)，清华大学建筑学院工程师。

王世仁致刘敬民信

——关于编写《宣南鸿雪图志》的建议

(1994年8月29日)

一、意义

1、北京宣武门以南至永定门一带,旧时称为宣南或城南,是明末清初至二十年代末北京人文社会最繁盛的区域之一,作为北京风貌的代表,皇城内外,三海周围是宁静的、婉约的、雅致的典型,而宣南一带则是活跃的、直露的、凡俗的典型。北京城市历经变化,古都风貌至九十年代已颇多丧失,也恰恰只有这两处典型地段尚有不少遗存,“雪泥鸿爪”历历可辨。作为北京人文社会发展的形象见证,还应加以记录。

2、保护古城风貌,已是当今世界城市建设的文明标志,并大都有了切实的成效。我市自提出保护、抢救古都风貌以来,宏观规划者多,细致研讨者少,真正经过周密调查,提出切实保护措施者更少。坐而论道,徒托空言的不良作风,事实上已导致了贻误时日,直至风貌实物丧失殆尽,而后扼腕三叹;不得已时乃“创造“一些毫无文脉依据之“古都风貌”,毁真做假,去真存伪,实不足为训。是以从调查实物入手,继而分类排比,寻求宣南风貌特征,乃是改变规划建设工作作风,切实办事之举。

3、宣南地区有自己独特的文脉传统,从内涵来看,如文商同步发展,商业促进文化;外表浅露凡俗,内在韵味醇厚;既开敞胸襟外向,又不舍自在独创。从形式来看,为重视小空间、小装饰、小趣味;不拘一格灵活运用传统“法式”;大胆吸收最新的外来形式而又率性加以改造创新等等。这些文脉在现存许多建筑的风格、式样、做法等方面都有体现,把它们加以记录、整理,体会其文脉内涵,撷取其意味形式,应是保持和创造宣南地区风貌最直接的依据。

4、危房改造,地段开拓,市政改善,必将大量拆除旧有建筑,改变原有风貌。但是,保存“雪泥鸿爪”,采撷传统的“零件”、“符号”,按照新的功能“拼装”、“组合”、“琅嵌”、“复制”在某些地段,某些建筑中,乃是顺应形势,解决矛盾以保存固有风貌的一种有效办法。为此,收集鉴别这些“雪泥鸿爪”,研究其“组合”“拼装”、“琅嵌”的可能性,更具有现实的实际意义。

鉴于以上意义,迅速组织人力,悉心钩沉遗迹实为建设工作当务之一急。

二、体例

1、《图志》以图为经,以文为纬。图则照片、测绘、素描皆可,总体、个体、局部不拘,随内容而决定表现形式;文则包涵现状记述、历史考据、变迁志录、人物故事,按不同对象记载其特征。

2、以记录现存实物为主,决不作无根据之推测。但依据充分者也可表现复原后之状态。毫无实物遗存,又缺乏复原依据,但确曾有过重要地位的建筑,可记录其地望现状,尽可能寻找旧时形象加以记载。

3、邀请专家故老,撰写专题文章,不求其全,只求其实,凡能说明风貌掌故者,尽可录志。

4、本次编写属“抢救”性质,所以,凡耗时耗力太多的作业,如全面详细测绘图,应尽量精简,代之以省时省力又能反映风貌特征的作业,如标准小比尺之总图,照像记录、局部测绘等。凡已有详细资料,或列入文物保护单位者,本书只作一般记录,而另附资料索引。

5、以建筑类型分章,各类型中再按年代风格排列建筑。建筑分类为城阙、寺庙、会馆、住宅、剧场、商场、商店、银行、学校、园林、工厂、机

刘敬民,时任中共北京市宣武区委书记,1997年后任北京市副市长。

关、交通、市政等。

三、操作

1、由宣武区建委与北京市古代建筑研究所合作编写，以区建委为主，组成一个专业工作班子，至少有一半成员为专职。

2、区建委与古建所各出一名主编，聘请王世仁同志为学术指导，通审全书。邀请一位区领导指导编写方向，审定政治内容，为全书作序，协调各方面关系。

3、此计划预计需经费10万元，工作时间一年左右。如获批准，可立即着手组建班子，进入操作。

王世仁

一九九四年八月二十九日

王世仁注释

[1]此信经刘敬民采纳，并指定宣武区建委主任于得祥具体操作，由区建委与北京市古建研究所共同组成编辑调查组，王世仁任主编。1995年3月下旬至1997年2月上旬，历时两年完成一部《宣南鸿雪图志》。书中共载入宣武区界内有地点可考的史迹1157处，标注于1:5000地形图中；现在尚存的571处，标绘于1:2000地形图中；又选重要的项目135处，绘制平面图，并加文字说明；再从中选73个项目详细测绘。连同论文、照片，印成540页大8开一书。中国建筑工业出版社1997年8月出版。

本书获1998年北京市哲学社会科学优秀成果特等奖。

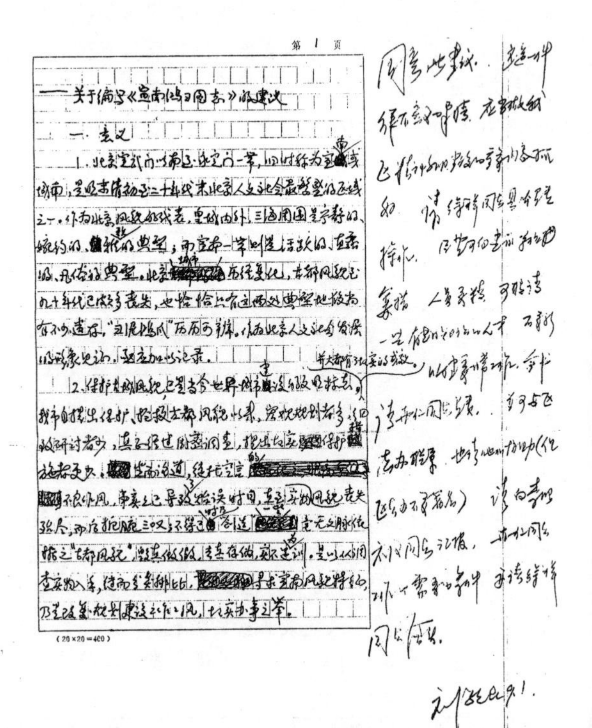

第 1 页

关于编写《宣南鸿雪图志》的建议

一、意义

(20×20=400)

佘畯南致陈树新信

(1994年12月)

Shusin建筑师:

去年来美，你和小陈专程来看我，谈了三天，我获益不浅。知道你以优越成绩再取得奖学金，导师很喜欢你；你发言时，他有时也作记录。这种学风很好，老师教中有学，你们学中可畅所欲言。你写完硕士学位论文时，导师要把你留下来攻读博士学位。你征求我的意见，我想：你和小陈都是国内著名学府的尖子，理论基础扎实，现今又是国外研究学院的高才生，也有实践心得，从哲理到创作都有才华，能勤苦向学，事业心强，是难得的人才。祖国需要你们这样的年青一代。我的好友耶鲁大学邬教授说，耶鲁大学把建筑学列为文科，非工科也，建筑系与艺术系同在保罗·鲁道夫设计的AA Building上课。一位教授说，美国建筑教育培养两种人才：一是建筑理论家，有博士学位；一是建筑师，培养创作能力。在美国似乎还未见有博士学位的建筑大师。摆在你面前这两条路，都适合于你，何去何从，将决定你的命运。最重要的是要把事业与兴趣合二为一。我把设计当作日常生活的一种享受，乐在其中。建议你可先搞建筑或室内设计，试一两年，不合适时才转行，未为晚也。我对Michael也说过这样的话。他选择当建筑师。他在国内读书时，理论钻研不够，他喜动笔作设计。当时我曾提醒他，不管是当教师，还是当建筑师，理论都十分重要。作为总建筑师在评选设计方案时，要用理论作为分析依据，说哪个设计方案好，为什么好。哪个方案为什么不入选，向人们交代清楚，才可服众。当做设计方案时，也要有理论依据。在介绍设计方案时，要把理论依据说个一清二楚。我不赞成把我的设计拿去参加评选，一则我不是为奖状而设计，二则不许我列席介绍方案，三则我不了解评委是谁。有一次，单位把我设计的博物馆拿去参加评选，一位“权威”的评委说，我的方案没有“序幕大厅”，就把它否定了。我借《建筑学报》的阵地来阐述我的创作理论依据。一次，又拿我设计的大酒店去参加评选，很多人认为可得第一名奖，但一位搞给排水专业的评委，竭力反对并要把它淘汰出去，因为不符合最新消防规范。由于设计人不能列席，无法说清楚当地消防部门已验收并通过，也弄不清楚是评选“建筑创作”还是评选“给排水”专业呢?但我对此绝无意见，因为群众很喜欢它，后来被评为五星级大酒店。我的建筑为人而不为奖状的宗旨达到了。我相信群众是最好的评委。在你们那里，一件好作品出现，群众议论纷纷，经过一段时间，大家说它是非凡之作，建筑师协会反复研究后，给以荣誉奖。因而年青一代建筑师常常一举成名。你和Michael都有才华，要为人而创作，不要斤斤计较于一张虚名的奖状而迷失创作方向。

今次来美，喜看你们都初步打下事业的基础，在名建筑设计事务所起骨干作用。你们很忙，晚上时时加班赶图；Michael有时晚上10时来看我，然后去游水，他喜欢作“冲浪”运动。我年青时，喜欢划艇、骑马、桌球及各种球类，水平不高，但可过得去，也学西洋拳，但最怕柔道，因它借人之力来摔人。我对太极拳有兴趣，培养柔和而忍耐的性格，凡事都要以和为贵。但易学难精。运动可锻练身体和意志，但生活

佘畯南(1916~1998)，广东潮阳县人，1941年毕业于交通大学唐山工学院建筑系，先后在唐山工学院任教，在香港任建筑师。1951年回到广州，先后任工程师，广州市建筑设计院总建筑师，副院长等职。他的主要设计作品有：广州友谊剧院，东方宾馆新楼，白天鹅宾馆，深圳博物馆以及我国驻西德、挪威、瑞士、澳大利亚等国使馆等。他的著作有《佘畯南选集》。

陈树新，旅美青年建筑师。1988年毕业于清华大学建筑系，曾在广东省建筑设计院工作，1990年赴美国攻读硕士学位。现在美国旧金山从事酒店建筑设计工作。

要有规律，学习、工作与运动要有个时间表来安排。在课室、办公室要专心学习和工作，在运动场上专心运动，静与动的安排要有秩序，才能取得高功效和爱惜时光的效果。

至于设计手法的个性问题，设计手法是设计哲理的反映，未形成哲理的个性，难有手法的个性。你们初出茅庐，不须急于此问题。创作构思应如脱缰之马，飞驰万里，设计手法可多式多样，如孔子之“学无常师”。经过多年的实践，从共性中逐步形成个性，个性寓于共性之中。我欣赏Philip Johnson的作品。表面看来，他的设计手法多式多样，似无个性。但深入研究，他的创作构思有强烈的个性，表现在他善于吸取人类历史宝库之“蓝”提炼为现代主义建筑之“青”。过早强调设计手法的个性，会束缚自己的创作力。

你告诉我，你毕业时适逢美国经济萧条，你带文凭和介绍信去找工作，家家老板看你的成绩，都说，“You are very good, but the time is not good!” 你失业，为着吃饭，凭着魁伟的体魄，能搬动钢琴的双臂，才找到一份“搬家”的工作，干了3个月，穿堂入室于朱门豪户之家。你把这工作看作对美国社会结构的探研，看作对室内设计的现场考察。这使我想起30年代的一部电影：一个很有才华的年青建筑师，极力倡导现代主义建筑，被人们咒骂，无生意而关闭事务所，去矿场当石工，受尽凌辱。后来石的雕琢把他磨炼成现代主义建筑的巨星。我预祝你有同样的命运(Mies是一个贫寒石匠兼打石工人之子)。

我告诉我的学生，要学习你的高尚品质：一个高才的硕士去当搬运工，能上能下的精神很难得，不失时光去学习，去增长知识。因为你理解人生的意义，时光重于一切，它是生命的符号，应尽量利用时光去为人们谋幸福。我小学的英文书，有句格言：“Time and tide wait for on man”，这句话深刻刻在我的大脑中，人们说我是光阴的吝啬者，我无意见，因为我不是金钱的吝啬者。

你和小陈成家，她是你的贤内助，又是建筑创作的才女，你真幸福。现在我从对人的研究，谈谈独生子女和小皇帝、小皇后的问题。儿童是国家的命运，青年是国家的前途。人的成长如禾苗的成长，出生到3岁如种子发芽时，“人之初，性本善”，要小心培养。别把孩子看成活的“玩具”而不教。要尊重他，将来成人时，他就会尊重人，不盛气凌人。教之以礼貌，长大时，他会以礼貌待人。3岁到5岁，是性格形成阶段，要灌输以大公无私的思想。“私”字是万恶之根。长大时，不要成为以我为核心的利己主义者。父母爱子女应藏于心，不宜露于外。当其未达到无理要求而大哭和滚地时，可视而不见，无动于中。这可培养其自己约束自己的能力。自控能力十分重要。欲望无止境，长大时，失控甚危险。小学时期是品性形成时期，要培养其勤劳和爱惜时光的性格。苗子健康长大，将来可减少为其前途而担忧。长大了，埋怨他们“江山易移，品性难改”也无济于事，责任在于父母之溺爱。

小皇帝问题，是因父母对独生子女溺爱之错。我两次到京都，都逢1月15日成人节，按日本法律，年青人到20岁才算是成人，成人节是十分隆重的节日，家家向儿女成人恭祝其幸福，亦为自己完成抚养儿女成人的责任而高兴。姑娘们穿最华丽的和服到神社为民族和自己的前途而祈祷。他们通过成人节而加强青年人的社会责任心和爱国主义感情。战败国的日本在短短时日后成为经济强国，与他们重视栽培幼苗之成长有密切关系。

你们有模范事迹，请给我来信，我作为教材，让同学们学习你们的榜样。技术易进步，品德之提高则如逆水行舟，不进则退。下次再谈，祝全家安康！

Shair学兄 于洛杉矶

1994年12月

彭一刚致顾孟潮信

（1995年11月10日）

孟潮同志：

您好！寄来的大作已收到[1]。前些日子在人民日报上也拜读了您的文章，承蒙对海战馆[2]给予很高的评价，特衷心表示感谢。

能获院士[3]殊荣，当然是高兴的，但也有很大压力，即盛名之下，其实难负。关于申报院士，我本人既没有抱多少希望，也不够主动。一方面是中国建筑学会向科协推荐，一方面是学校向国家教委推荐，经过层层筛选，能够被选中的确不容易，要说也算有一点侥幸吧！

除了对个人之外，对学校和系来讲都可以说是一种荣誉，特别是系，在四大院校[4]中还是一个弱者，但愿通过大家的齐心合力(也包括校友在内)，能把系的地位巩固并提高，实在还是一个相当艰巨的任务。

再次表示衷心的感谢！

祝

近好！

聂老师[5]处当转告。

彭一刚

1995年11月10日

杨永生注释

[1]指顾孟潮发表于《国际文化交流》杂志上的一篇文章。

[2]海战馆系指于1994～1995年间由彭一刚设计的位于山东威海市的甲午海战纪念馆。

[3]1995年彭一刚当选为中国科学院院士。

[4]四大院校系指清华大学、东南大学、同济大学、天津大学。

[5]聂老师系天津大学教授聂兰生。

关于申报院士，

我本人既没有抱多少希望，也不够主动，一方面是中国建筑学会向科协推荐，一方面是学校向国家教委推荐，经过层层筛选，能够被选中的确不容易，要说也算是有一点侥幸吧！

除了对个人之外，对学校、和系来讲都可以说是一种荣誉，特别是系，在四大院校中还是一个弱者，但愿通过大家的齐心合力（也包括校友在内），能把系的地位巩固并提高，实在还是一个相当艰巨的任务。

再次表示衷心的感谢！祝

近好！

聂老师处当转告。

彭一刚 95.11.10.

彭一刚(1932～　)，安徽合肥人，1953年毕业于天津大学土木建筑系建筑学专业，后留校任教，现为中国科学院院士，天津大学教授、建筑学院名誉院长。

钟华楠致杨永生信

(1996年1月23日)

永生兄:

你写的(防止大屋顶泛滥)[1]那篇文章拜读后，觉得这个问题，局内人不用说也会同意。问题是局外人，尤其是拿着指挥棒的局外人，对大屋顶是他们表明对民族有情感的“象征”，而且拿着不放。至于老百姓，反正不用他们直接出钱，对风格这玩艺儿，更加不明白，也许还认为不必革大屋顶的命吧!其实，中国这个幅员辽阔的国家，从来就没有发生过“现代建筑设计运动”，从来就没有一群建筑师与创造“新文化”、“新文学”同步去创造新建筑。

我对中国古代和现代建筑史，知之甚少。与梁思成、刘敦桢同时代的欧美建筑师正忙于掘古建筑坟墓的时候，梁、刘等人却骑着骡子奔波于穷山恶水之间寻找中国古建筑的根。

正当西方音乐界抽象派、印象派、绘画界印象派、雕塑界结构派，建筑界“形式追随功能、“阳光通风”、“结构主义”、“有机主义”等等现代派萌芽与兴起时，正当他们为现代艺术忙得要命时，中国却花了全民族的气力在这五十年内反帝国主义侵略，抗日战争，反内战，反饥饿，搞“文革”等等，哪里还有丝毫机会去搞现代建筑。19世纪末，20世纪前半叶，正是中国被瓜分，被分割，内忧外患，挣扎生存的时期。

新中国建立后，很自然地向往民族传统，很自然地在艺术中表现民族风格，而在建筑创作上对民族风格这个相当深奥的命题中，最容易的乃是利用大屋顶、亭子的形式。“古都风貌”亦是捍护民族形式，在理论上是表扬富“中国特色”的最容易被认识的形式。在某种意义上，也是爱国的表态。这是我对大屋顶、亭子出现在现代建筑物上的心态分析。除了这样的解释，对于大屋顶、亭子这样根深蒂固地附着在现代建筑物上，还能有什么缘故呢! 如果问我，什么最富中国特色? 我首推园林，但园林很难在现代都市中与建筑结合，很难“附着”，更难醒目易见。可是，这大屋顶、亭子“附着”现代建筑物上，现代建筑背上这个形式包袱已有半个世纪了，是应该放下的时候了。可能为了这个形式问题，影响了建筑的现代深度。为了配合现代的生活，才产生了现代建筑的设计。这里所谓现代生活是指都市人口大幅度地增加，高等学校的增加，基建设备的增加以及各种基础设施的增加等等。但如果细心地观察这10多年来的许多新建筑何常不是仅有现代的形式而无现代的内涵。

我们再来看看绘画、音乐、雕塑，现代的时代感也处于胶着状态。是否我们中华民族的进化不需要快，不需要新? 起码在精神文化方面摆在我们面前的是如此。可能是中国尚未经过西方式的“工业革命”。这十年来，突然同时推行工业革命，电气革命和电子革命! 西方现代主义运动是由工业革命带出来的。中国的现代主义是否不跟随或不可能跟随西方的模式?

现在，许多国营企业的技术装备和管理还停留在30、40年代的水平，但北京早已有了地铁，上海、广州也正在进行地铁建设，“一箭三星”[2]早已办到。这是一个相当不平衡的科技局面。技术如是，艺术是否亦是如是呢? 这不解之谜是否因为我们这个古老的民族有根深蒂固的特色，既要新的，又

钟华楠(1931～)，香港著名建筑师，毕业于英国伦敦大学建筑系，曾任香港建筑师学会会长、亚洲建筑师协会副主席。

舍不得放弃旧的。

北京西客站上的亭子，我们行内的看，不伦不类。老百姓看，可能很顺眼，很好看！是现代建筑师脱离群众抑或是群众压根儿就没有认识现代建筑是怎么一回事？建筑师又有多少人对现代建筑的由来和内涵有认真的理解？

西方的一种社会现象是在工业革命时期产生了大量的中产阶级。他们的经济力量决定了艺术市场的品位。是否中国要耐心地等待一个时期，等到有大量的中产阶级的时候，才能由有经济力量的群众——消费者，去决定真正的中国现代派的去向？俗语说“无钱说话，牙无力”，建筑师没有钱，评论家更没有钱去搞房地产，更无权去问津西客站，只能由“牙有力”的业主去作主了。

先让沿海地区富起来，带动大陆都富起来，恐怕要四五十年。到那个时候，可能有真面目吧![3]

钟华楠

1996.1.23

杨永生注释

[1]《防止大屋顶泛滥》一文发表于《华中建筑》1996年第3期，全文见下页。

[2]及[3]我将钟华楠先生这封信拜读后，有两处不甚明了，又写信求教。现将他复信中有关这两个问题的解释，抄录如下：

“一箭三星”是指一支火箭升空后，在太空中分为三颗人造卫星。

“真面目”，是指中国现代建筑形式或路向的真面目。

钟华楠先生在给我的这封复信中，还提出了这样一些问题：

“如果有钱的人要什么，建筑师便给他什么，那末，建筑创作会形成怎样一种局面呢？”“由此，我又想到，明代的官贾(有钱人)却听从文人(建筑、园林理论家)的指挥，由匠人去干，结果相当美满。但如果21世纪的中国富人没有明代人那么虚心，其结果又将是如何呢?”

此外，关于几十年后中国建筑可能有真面目的问题，钟先生在复信中作了如下的发挥：

“中国的中产阶级，或有钱盖房子的业主，将来都是工业家，或者大部分是工业家和企业家？ 据目前的观察预料，他们当中大部分将是工商界，小部分可能是帮助工商界致富的科技界人士或专业人士。再回到欧洲工业革命时期，与现代派兴起的同时，很多中产阶级亦回归“复古派”之路，也有不伦不类的古典或古代某时期的仿古建筑。这些新发财的人渴望贵族享有的古老大屋、家具乃至墙纸。于是，仿古、复古便应运而生了。恐怕中国四、五十年后也不难走上这条路吧！但是，到那时，现代的建筑材料和建筑科技将会有突破性的发展和进步，还会不会象欧洲那个时期(1900～1950年)有采不尽的天然建材(如木、石)以及尚未衰落的手工艺等条件？那么容易复古、仿古？从近10年来的新建筑看，真是五花八门，目不暇接，各派各式，应有尽有，古今中外，百花齐放！真可谓“外国有的，我有；外国没有的，我亦有”，是一个怒放和乱放的局面。根据这种发展逻辑，真真地希望四五十年后或更早些，复古和仿古的大势将去矣！由爱国而引发的大屋顶和亭子也将缓解，或再不是争论的问题而趋于平静。即便是有这种强烈的民族形式、地方风貌的念头，希望亦会象明代的巨贾一样，追求古代物质文明之最雅者，原意交结“雅友”，不以炫耀富贵、排场为设计指针，而是以中国古典园林的文雅、幽雅、典雅为尚。现今，处于工业化、电气化、电子化的中国，我们建筑师如果不去刻意抄袭民族形式、地方风格以及欧美各种新潮流，而是根据我们自己的环境和条件去老老实实地设计，相信在这百花齐放的时代，将会走出一条看似平淡，实为当代的康庄大路!”

附：防止大屋顶泛滥

杨永生

在我们这个幅员辽阔的国家里，各地的自然条件、经济发达水平、风俗习惯等不尽相同，甚至有较大的差异。由此，在诸多方面，都要因地制宜，在城市建设方面尤应如此。但是在实践中，也并非都做到因地制宜。几十年来，我们没少见到，北京有什么，别的城市就仿什么。这也许是一种“首都效应吧!”比如，北京长安街上的葡萄灯，我就看到一些中小城市也照装不误。当然，北京的好东西，推广开去，委实不是一件坏事。然而，那种只照天上、不照地上的葡萄灯，虽然造型尚可，但也并非独一无二的最佳路灯，何必照搬呢?

北京近年来搞了不少大屋顶，使我联想到，外地可千万别照着干。

解放前，30年代在我国发生过一次关于大屋顶的争论。有人认为，要发扬国粹就要在现代建筑上盖上一个大屋顶，居然也风行一时。童寯 先生就认为：“要是将这瓦顶安在一座根据现代功能布置平面的房屋顶上，你们就犯了一个时代性错误”。

大屋顶，解放后又数次大起大落。50 年代初期，批判大屋顶曾一度成为社会热点，建筑学家梁思成当然也就成了热点人物。至今，提起梁先生，人们都还记得他挨批，做检讨。殊不知，梁先生那时是诚心诚意地贯彻执行“民族形式，社会主义内容”的创作方针，又诚惶诚恐地做了自我批评。历史，有时也不那么公道。梁思成、刘敦桢等中国营造学社同仁用了毕生的精力来开拓中国古代建筑的研究工作。仅从1930年到1945年15年间，他们仅只10多人就跑遍了中国的190个城镇，调查了2738处建筑，研究并积累下十分宝贵的资料。当他们还没来得及对中国传统建筑从形式到内涵进行深入的研究并得出成果的时候，他们也只能推出作为传统建筑最为明显的表征——大屋顶，来满足对民族形式的渴求，而且苏联的建筑师们已经先行了一步，似已树立了典范。50年代初期对大屋顶的批判也主要是从反浪费的角度出发，基本上没有涉及到建筑创作及传统建筑内涵。正因为没有涉及到民族形式这一根本问题，在1959年国庆十周年工程中，又出现了一批大屋顶。这些大屋顶非但没有受到批判，反而受到赞扬。当然，像北京民族文化宫这样的建筑虽然也有大屋顶，但至今仍受到人们赞扬，这是理所当然的。后来，因为抓阶级斗争，而且一抓就灵，在建筑界刘秀峰受到不公正的批判后，对建筑历史、建筑理论，谁也不敢问津了。中国唯一的建筑历史与理论研究所被撤消，人也被遣散，对古建筑的研究全面停顿下来。直到70年代才又四处调人恢复。可是，谁又能料到，进入80年代以后，研究古建筑，研究建筑理论，非但不能创收，还要开支。于是，又不得不去搞设计创收。试想，把景山上的亭子搬到北京西客站的屋顶上，这个设计费不知要比研究古建筑开支多出几百倍。时至今日，要搞民族形式，建筑师也只能从柜子里翻出大屋顶的图纸照抄了事。

近10年来，在弘扬传统文化的大旗下，再加上恢复古都风貌、夺回古都风貌的召唤，北京又一次掀起了大屋顶热，这股浪头似比前几次更加汹涌。至于大屋顶，多花了多少投资，不知如何才能统计出来。就说这古都风貌吧，能夺回来吗?大屋顶，不仅造成经济上的浪费，而且还束缚建筑师的手脚，不利于建筑上的创新。再说，民族形式也不仅仅限于大屋顶。

北京的大屋顶看来必将随着原来那个指挥棒的折断而减少、削弱，但仍不可忽视它的“首都效应”。现在，在许多地方不时地还可看到为数众多的琉璃瓦(黄色的)覆盖着各式各样的大屋顶。若任其泛滥，还不知道要浪费多少。我不是泛泛地反对大屋顶，而是主张适得其所。

警惕吧，人们，可千万别让大屋顶再泛滥了。

叶树源致王国梁信

(1996年2月10日)

国梁吾兄大鉴:

日前接奉1月6日手书，因正值学期结束较忙，而身体又甚疲倦，乃致迟未作书，至以为歉。

你在信中提出的两句话:“学风乃治学之根本”及“克服建筑创作中之浮躁心态”都说得极为中肯。我在成大任教四十余年，对此亦深有同感。

“学风乃治学之根本”是天经地义，无可争议者。问题在于如何去培养这良好的风气。小孩子在家里，很自然的会模仿他们父母及兄妹的行为。在学校里，教师及助教的言行，都是学生的榜样，而高班的学长也是低班生的榜样，这就是“潜移默化”的作用，而成为培养风气的摇篮。古人说“近朱者赤近墨者黑”。在不知不觉中所受的“感染”，会深刻的影响人的“心态”与“作风”。所以，良好的学风，是由教师们自己以身作则，再慢慢的，逐渐的，产生了“薰陶”的作用而培养出来的。

你如将之引申而言，良好的学风，不但是“治学之根本”也是“国家兴盛的根基”。想想看，若是每一个学生都养成了优良的学风，不仅止是发扬学术培植人才，更重要的是他们毕业后，将这优良的风气带到社会上去，影响所及，使国家能够有更多的更好的人民。“民为邦本”有好人民的国家，必定会兴盛的。

这只是我个人粗浅的看法，不知你以为然否。至于“建筑创作中之浮躁心态”，实在是个严重的问题，岂只影响设计的品质，更影响建筑文化的正确发展，此事说来话长，拟俟下次通信时，再和你讨论。

入冬以还，身体更感不适，时常肩酸腰痛，再加两腿酸软，肌肉僵而无力，不良于行，而且肠子也有毛病，大便很不正常。在成大附属医院看病，迄今数月，也看不出所以然来，继续吃药而已。大概是因为人老了，身体的功能衰退，自然会有毛病。希望春后天气转暖，也许会好一点。

专此不一，即颂

教安并祝

新年快乐

叶树源 敬启

一九九六年二月十日

农历腊月二十二月

附文

王国梁教授来翰，谈及“克服建筑创作中之浮躁心态”问题。略述浅见敬请指正。

如要克服浮躁心态，先要讨论，什么是建筑创作。有些人急于自我表现，甚至还说“建筑师创造空间”，听起来很神气，似乎在宣传建筑师的创作能力，但是事实上并非如此。没有人能够扩大或缩小既有的三度空间(空间的“物理尺度”是不变的，而其“感觉尺度”是会变的)，建筑师只能改变空间的品质，用他所能想到的方法去处理空间，将它改善，使其变成能够真正适合人们需要的生活空间。这种处理的方法，才是创作。

叶树源(1915～1997年)，福建省福州人，教授，建筑师。1938年毕业于中央大学建筑系。1950年去台湾，开业执行建筑师业务。1951年受聘于台湾省立工学院(成功大学前身)，1985年退休后被成功大学礼聘为兼任教授，著有《建筑与哲学观》一书。

王国梁(1943～)，浙江省南浔人，教授，国家一级注册建筑师。1965年毕业于南京工学院建筑系，并留校任教。1981～1988年被国家教委派往也门共和国任教。回国后，历任东南大学建筑系副主任、主任。1997年被文化部调至中国美术学院任教，任环境艺术系主任、设计学部主任。

音乐家不能创造声音，他是将声音巧妙的组织起来，谱成优美的音乐，这乐谱是创作。(他如文学，绘画等之创作，其理亦同)。

各种文艺之创作，作者都比较自由，他可以不受什么限制去发挥自己的创意。建筑之创作则不同，因其有一定的目标，那就是必须符合使用人的要求，也是不可违背的先决条件。故而，建筑设计，除了应有创作性之外，同时也必须达到其实用性，是要设计出一个让使用人满意的生活空间，而不可只顾自我表现。所以，建筑创作，是一件“按照别人的要求”而“创造自己的意境”的作品，两者并重不可偏废。这也是建筑创作与文学艺术等其他创作不同之处，而建筑之难，也就在此。

建筑设计是完整的，无论其范围之大小，内容之繁简，都是一个整体的设计，不可顾此失彼。必须先认清要达到的目标(包括行为上的及精神上的要求)，再综合一切有关的问题，作通盘的探讨，才能理出正确的思路，选择最好的处理方法，而有所创作。假如无的放矢，作得文不对题，甚至不管有多少毛病，只想制造一些特点，以表示其与众不同，而称之为创作，那是避重就轻，欺人之举。当然，我们不反对建筑设计有特点，但先要实实在在的达到其应有的功能，行有馀力，再加上一些特点，使其更能引人入胜，那又何乐而不为呢。

创作不是凭空而来的，也没有捷径可循，而是先要奠定札实的根基，经过相当的磨练，一步一步逐渐成熟的。很久以前，一位知交的朋友(台湾的名画家，现已去世)，有一天他说“我近来很烦恼，作画时会觉得钻不进去”，我说“恭喜你，那是因为你自己的境界又高了一层”。建筑创作，何独不然。一个人，越是成熟，对自己的要求也越严，因为他本身的水准进步了，眼光也更加敏锐了，即或别人对他的作品很欣赏，而他自己却是一眼就看出毛病来，力求改善又不能尽如人意，自然心中会觉得烦恼。但是他会不断的去思考，去探讨，早晚总会悟出心得，使他再进一步更上层楼。

要想有创作能力，一定先要学会品鉴能力，能够判别优劣，知所取舍，始能去芜存菁，再发展而有所创作。否则，连是非优劣都分不清楚，那能作出好东西来。这是修养，是累积渐进而成的，需要学而能思，思而能悟，悟而能得，然后才能进而有所创新。

他山之石，可以攻错，外国的文化，自可借鉴，但是不可依样葫芦，盲目的去模仿，去抄袭。我中华民族，自古以来就曾经吸收了许多外来的文化事物，好就好在，能将之消化了，融入固有的文化之中，而不着痕迹的成为自己的东西。近百年来，西方文化对我国发生很大的影响，尤以最近数十年为甚，全世界都在演变之中，我们当然不可固步自封，要能够接受和适应。但是，不可只学人家的表面，也无须迁就人家的方式，而是要深入的去了解其内涵，弄通其道理，不仅只知其然，更要知其所以然，加以研究分析，择优而食，食而能化，才能增加知识，启发思想，再参照自己的情形，作适当而灵活的运用，乃能发展而成为真正是自己所要的东西。

现在的潮流，期盼发展快速。对于经济的成长，工商业的开发等，如有妥善的计划，是可以收到成果的。但是，在人文方面，尤其创作能力，若求其一蹴而成，反而会欲速不达。“建筑创作”之有“浮躁心态”，可能是因为，有些人求名求功之心太过急切，而自己又尚未成熟，在实力不足而强欲出头的情况下，才会形成这种现象。这是学习过程中，难免会发生的事，只要认清建筑的真义，培养自己的实力，而为其所当为，则这种“浮躁心态”就自然的会消除掉。假若仍是操之过急，想要别走蹊径，以收出奇致胜之功，则“建筑创作中之浮躁心态”是很难克服的。清朝学者，袁枚(子才)先生有一首诗，写道“爱好由来著笔难，一诗千改始心安；阿婆还是初笄女，头未梳成不许看”。他必是有所感，才会这么说，可见浮躁之病，并非始自今日也。

叶树源

丙子年正月初三日

國樑吾兄大鑒：日前接奉一月六日手書，因正值學期結束較忙，而身体又甚疲倦，
乃致遲未作書，至以為歉。
你在信中提出的兩句話：「學風乃治学之根本」及「克服建築創作中之浮躁心態」，都说
得極為中肯。我在成大任教四十餘年，对此亦深有同感。
「學風乃治學之根本」，是天經地義，無可爭議者。問題在於如何去培養這良好的風氣。
小孩子在家裏，很自然的會模仿他们父母及兄姊的行為。在學校裏，教师及助教的言行，
都是學生的榜樣，而高班的學長也是低班生的榜樣，這就是「潛移默化」的作用，而
成為培養風氣的搖籃。古人说「近朱者赤，近墨者黑」，在不知不覺中所受的「感染」，
會深刻的影響人的「心態」與「作風」。所以，良好的学風，是由教师们自己以身作則，再慢
慢的，逐漸的，產生了「薰陶」的作用，而培養出来的。
假如將之引申而言，良好的學風，不但是「治学之根本」，也是「國家興盛的根基」。想想看，
若是每一个學生都養成了優良的學風，不僅止是發揚學術培植人才，更重要的
[illegible]門畢業後，將這優良的風氣帶到社會上去，影響所及，使國家能够有更

童鹤龄致王明贤信

(1996年2月12日)

王明贤同志:

您好!

寄去《建筑表现图渲染技法》[1]书稿的提纲，请查收。现将这本书的特点陈述说明如下:

一、本书是我教学四十余年的经验。曾在88年摄拍十五小时录像片(前曾在出版社放给几位编辑看过，〈92年3月〉)

二、本书内容是：理论是参照“Color”一书，及我自己的理论。

1、我本人作品二十余幅。

2、“Color”一书(85年已绝版)(全名：The Presentation Drawing with Color :作者Guptib)，这本中摘录图片约十余幅。

3、过去我的几位同事(助教)作品二幅。

4、天津大学六十年代学生作业 四、五幅。

5、插图——黑白图四、五张，彩色图 四、五张。

三、现初稿已完成，估计一年即可交稿，也可稍短。因文字稿已完成，即将进一步定稿。图稿是已有多年积存的，补一些插图、图页即可，须更新一些图。

四、Color一书图都已拍成幻灯片可供制版，其余图稿也可在这里拍成翻转片，以免图纸往返寄送易残失。

由于这本的录像片在建筑工业出版社放给当时的几位编辑看过，并已有批示，主要是由于彩图过多(当时要出100页彩图)。事后，我重新编排主要减去“Color”一书的图页，精简我自己的图和学生作业，现大约40页左右。

我已逾古稀，这些图保存不易，文革劫后所存，我偷偷装在4寸新烟筒内带走。有的图边角已有残缺，作者都已是各设计单位的主要技术负责人或教授。

这本书的特点:

(1)按严谨的技法理论，以弥补过去多种渲染图的误解。如水粉画的技法多种，水彩水粉结合画法等，以及对水墨渲染的正确认识。(如有戴念慈先生在抗战胜利后的胜利品(碑)第一奖作品即是水墨渲染)。

(2)把渲染技法分解，直接教会学生和自学者技法：如水的画法有多种，却是按程序画，学者易学，易掌握。

(3)所有的画页层次较高，有一定的内涵，品味高，尤其从Color一书摘录画页都是精品。

(4)主要辞汇英汉对照，过去曾以此给美国、德国留学生播放(指录像片及Color，我的画)。如有可能拟出英汉对照表、注，请务必来杭看原图及录像片、幻灯片!

此致

敬礼

童鹤龄

1996.2.12

如译成英文则必须删去外文书的画页，补国画彩页!

王明贤注释

[1]此书后改名为《建筑渲染：理论·技法·作品》，1998年中国建筑工业出版社出版。

童鹤龄(1925～1998) 1947年毕业于中央大学建筑系，长期任天津大学建筑系教授，又任华侨大学、宁波大学等校教授。

王明贤同志：您好！

寄去"建筑表现图渲染技法"一书稿的提纲，请查收。现将这本书的特点简要说明如下：

一、本书是我教学四十余年的经验。学生88年播拍十五小时录相片（前学生的出版社教给的任编辑播放过〈92年3月〉）

二、本书内容是：理论是参照"Color"一书，及我自己的理论。

1. 我本人作品二十余幅。

(85年已绝版)

2. "Color"一书（全名：The presetation Drawing with color：作者 Guptill 文本中摘录图片约十余幅。

3. 选我的几位同事（助教）作品 二幅。

4. 天津大学六十年代学生作业 四五幅。

5. 插图——黑白图 四五张。

彩色图 四五张。

三、现初稿已完成，估计一年即可交稿，也可提前。因文字稿已完成，即将进一步完稿。图稿是已有多年积存的，补一些插图、图片即可。须更新一些图。

四、Color一书图稿都已拍成幻灯片，可供制版。其余图稿也可去这里拍成翻转片，以免图稿往返寄送易残失。

童鹤龄致郑振纮信

(1996年5月14日)

振纮同志:

您好!

昨天晚上读完《南方建筑》。有三个感觉:

一、办建筑杂志不易。这真是只“付出”而无“收入”的苦差事。

二、有人支持即好办,我一直忙于办学(指在宁波),办学也难。未能支持,以后当尽量寄稿。

三、浙江连一份杂志没有,办建筑学就更难了。

谢谢你的帮忙,王明贤同志十分热心,我的书稿正在全力以赴,待弄得差不多,我将给你文稿,有债必还。我身体不佳,心情更不好。身入图圄(我不能外出),一筹莫展。我现在还能画,但相当吃力,尤其打线稿。我又爱画大幅的图,所以很慢,按照明贤同志的意见先把文字稿弄出来再说。

人生得一知己足矣。明贤为人朴实厚道。令我十分感激。您与我也只是一面之交,已是知己。难得!

昨天一位戴念慈同志原事务所一位建筑师参加浙江大学评估,他原是我下放银川时主持设计室时的同事,来看我,此人名林京,记得我在银川工作二年,关系至厚,当时同事都十分合得来,我觉得虽在文革,但人际尚不像现在这样。我不过是一个“呆儒”。只想教学,过于认真,而又迂腐。过于热心,不见谅于社会。现在回想起来,实在可笑。心里有许多话,不如借贵刊吐露,前一短稿即是。明贤同志劝我尽量少介入办学,人事纠纷难以应付。还是写书为好。我已七十二岁了,老妻去世已22个年头,她在时,人事纠纷少些,凡事有她指点,可惜文革中被迫害致死。从此我一人飘荡又要抚育儿女。迂腐不堪的脾气难以见谅于现在的社会。明贤同志所言极是。

这次见到您寄来杂志,想到您为这份杂志到处求稿,组织、编排、印刷、发行。实在不易,以这杂志来贡献于同行,自己完全是付出,难得难得。只有默祷您和杂志的长寿!

我是生命最后阶段,只是不甘心,还在挣扎。能干点什么就干一点,能多干点就多干点。文章不好,您尽可不要客气。关于《不拘一格——谈建筑教育》,过不久当即奉上。

祝

工作愉快!

童鹤龄

1996.5.14

郑振纮(1940~),《南方建筑》杂志主编。

振纮同志：您好！昨天晚上读完"南方建筑"，有三个感觉：一、办建筑杂志不易。这真是出钱不讨好而无"收入"的苦差使事。

二、有人支持即能办。我一直忙于办学，办学也难。当然支持
（指在宁波）
以后当尽量寄稿。

三、浙江连一份杂志没有，办建筑学就更难了。

谢谢你的帮忙，王明贤同志十分热心，我的书稿不是全力以赴，结果讲差不多，我将给你文稿，有续必还。我身体不
（我不能外出）
佳，心情更不好。身入囹圄，一筹莫展。我现在还能画，但相当吃力，不甚打钱稿。我又爱画大幅的图，所以很慢。接受明贤同志的意见只把文字稿寄来，再说。

人生得一知己足矣。明贤为人朴实厚道，令我十分感激。您与我也只是一面之交，也是知己。难得！

昨天一位戴念慈同志事务所一位建筑师参加浙江大学评估，他原是我在银川时主持设计院时的同事，来看我，此人名林京，记得我在银川工作二年，关系不厚，当时同事都十分合得来，我觉得银在

沈玉麟致方拥信

(1996年7月6日)

方拥主任:

您好!

上个月的来信收到,承关怀,十分感谢!

主要是出差经费,现下,上涨太多,任何院校都对外校来系讲学或从事其他交流任务,在经济上负担太重,不易承受。几年前,王其亨老师与我一同来华大,正是机遇。以后如有类似礼遇,来华大与老友们再聚。今年上半年,我倒是出差了三次,一次去张家口建筑工程学院讲学,一次去北京参加中国城规学会居住区规划学术委员会学术活动;一次去武汉应邀参加武汉市两个居住区的评议工作。

今天早晨收到《新建筑》96年第2期,阅读了方老师的文章《关于注册建筑师资格考试的思考》。这是一篇很重要的文章,的确如老师所说,考试及格的注册建筑师不能强于规范知识和技术知识,而弱于建筑设计创作能力。这个问题诚如老师所说,太重要了,关系我们建筑师队伍的设计实力。要不,在国际竞赛中,尤其是国内任务,洋建筑师太易得奖,占去了我国建筑师的设计阵地。

我回忆解放前1946年夏天,我在南京参加考试院的“技术人员高等考试”。虽然,建筑系毕业的可以参加考试,非建筑系毕业而在建筑事务所工作多年成绩突出者亦可参加考试。但出题目的人是当时在南京的国立中央大学建筑系教授。考的内容除国文、英文外,有建筑历史,建筑构造及建筑设计(是否考建筑结构,我不太记得了,可能是考的)。出的题目恰是对我们建筑系毕业的更适应。当时公布的全国第一名是广州一位非建筑系大学毕业生(姓名忘了)。第二名是黄宝瑜(国立中央大学毕业生,现在台湾,原为台湾某个大学(记不清哪个大学)建筑系教授。第三名是我,也是建筑系的大学毕业生(杭州教会大学“之江大学”),第四名以后记不得了。但一些大学毕业生如现在清华大学的张守仪等等都考取了。而非大学毕业的各建筑事务所工作多年成绩突出的人员,录取额很低。

所以您所说“从考题看,九个科目基本采用了美国方式,特别是‘建筑设计与表达’科目,在建筑形式方面几乎全无要求”,这的确是不合适的。这问题急需向建设部反映。

快放假了,我们还有一周,您接信后大约七月中旬,我校7月13日起放假。我下学期仍是满工作量课程。现在身体还可以,希望这几年里仍能工作,仍能身体上的衰老减缓发展。

老师一定系务及专业业务两者都特忙,望劳逸结合。

祝

好

玉麟 上

96年7月6日下午

沈玉麟(1921~),杭州人,1943年毕业于杭州之江大学建筑系,1948年和1949年获美国伊利诺大学建筑学和城市规划双硕士,曾任北方交通大学唐山工学院副教授,现任天津大学建筑系教授。

方拥注释

1995年我主持华侨大学建筑系系务时，曾参加在广州举行的“全国高等学校建筑学专业指导委员会扩大会议”。会上，大家对我国试行注册建筑师资格考试制度甚为关注。会后写了一篇文章《关于注册建筑师考试的思考》发表于《新建筑》1996年第2期。前辈沈玉麟先生就此忆及1946年的考试，具史料价值和现实意义。

方拥主任：

您好！

上个月的来信收到，承关怀，十分感谢。

主要是经费紧缺，眼下上级限制太多。我们院校都对外校来客讲学或从事其它交流任务在经费上负担太重，不易承受。几年前王其亨老师与我一同来华大，正是机遇。以后如有类似机遇，来华大与老友们再聚。今年上半年我仅是出差了三次，一次去张家口建筑工程学院讲学，一次去北京参加中国城市规划学会居住区规划学术委员会学术活动，一次去武汉应邀参加武汉市两个居住区的评议工作。

今天早晨收到《新建筑》96年第2期，阅读了方老师的文章“关于注册建筑师资格考试的思考”。这是一篇很重要的文章，的确如 老师所说，

钱学森致鲍世行信

(1996年7月21日)

鲍世行同志：

您7月15日来信[1]及附中国城市规划学会风景环境学术委员会的年会通知都收到，十分感谢！通知现退还。

我近读《经济参考报》7月17日、7月18日都有我们关心的文章[2]，现复制送呈供参阅。我想两篇文章讲的问题都指向如何大大提高我们对现代人居及城市的认识，而目前我们还只是纷纷议论，没有明确而又联系今日客观实际(包括建筑界专家们)的理论体系。对此，只宣传“山水城市”是不够的，要迅速建立“建筑科学”这一现代科学技[术]大部门，并用马克思主义哲学为指导，以求达到豁然开朗的境地。我想这是社会主义中国建筑界城市科学界同志的不可推卸责任。请考虑。

同一内容的信我也写给顾孟潮同志了。

此致

敬礼！

钱学森

1996年7月21日

鲍世行同志：
您7月15日来信及附中国城市规划学会风景环境学术委员会的年会通知都收到，十分感谢！通知现退还。
我近读《经济参考报》7月17日、7月18日都有我们关心的文章，现复制送呈供参阅。我想两篇文章讲的问题都指向如何大大提高我们对现代人居及城市的认识，而目前我们还只是纷纷议论，没有明确而又联系今日客观实际（包括建筑界专家们）的理论体系。对此，只宣传“山水城市”是不够的，要迅速建立“建筑科学”这一现代科学技大部门，并用马克思主义哲学为指导，以求达到豁然开朗的境地。我想这是社会主义中

鲍世行注释

[1]指1996年7月15日鲍世行给钱学森的信。该信报告中国城市规划学会风景环境规划设计学术委员会将于10月10日在四川召开以“山水城市”规划研究为主题的年会。

[2]指1996年7月18日《经济参考报》，巩彭生、邹紫金《人居问题仍是中国的大事》和1996年7月17日《经济参考报》丛亚平《“立体音符”的困惑——关于建筑与文化的思考》。其中后者详细介绍了1996年6月15～17日在长沙召开的“建筑与文化”1996年国际学术讨论会的情况。

鲍世行(1933～)，浙江绍兴人，毕业于清华大学建筑系，曾任《城市规划》杂志编辑部主任、中国城市科学研究会副秘书长，现任《城市发展研究》杂志常务副主编，教授级高级城市规划师、研究员，河南大学建筑系兼职教授。

罗小未致杨永生信

(1996年8月6日)

杨总:

您好。您寄来的两份剪报与汇来的稿费均已收到了，谢谢。这次重新整理成套出版[1]，还有稿费，数目还不少，真是没有想到。这都是托您的福，非常感谢。下次我到北京时，一定请您吃饭，望您赏光。

这个暑假我在埋头苦干，我校将要出版《外国近现代建筑史图说》[2]。古代的早在10年前便出版了。近现代做了好几次均没有做下去，但各校都企望要有这本图集(古代的已印了八版，常供不应求)。明年是同济90周年校庆。校方要献90本书，挑了这本一定要我们做出来，只好遵命。这种工作看上去水平不高，但做起来却费心得很。所选图片已牵涉到30余本书(翻阅的已近百计)。将来文字要简单扼要(这四字看上去很简单，却要费更大的功夫!和您说这些是因为相信您是能够理解的。好在我还算有些经验积累，以前王秉全(现在美国，今年已62)、蔡琬英(也在美，今年也58或59)都帮过我。我现在工作中常想到他们。目前帮我的两位助手，把市的图书馆书架中的书刊拿出来时他们都说大开眼界。因为现在的人兴趣广了，没有闷坐图书馆翻书的习惯。新书都来不及看，旧书更不用说了，对校内图书馆家底有多少，还不太明了。本来北京建研院[3]有很好的书，去年我为了“精品集”特意去建研院看书，问了好几次，走了好几次上下楼梯，都没有找到。听说，锁在四楼里，没有人管也没有人借。可惜，可惜。

原本只想写封道谢信，却向您发牢骚了。难得遇知音吧。就写到此，余容面叙，祝您与您一家均好。

小未 上
96.8.6

杨永生注释

[1]这次重新整理成套出版，是指我将罗小未于80年代初在《建筑师》杂志上陆续发表的《格罗披乌斯与包豪斯》、《勒·柯布西埃》、《密斯·凡·德·罗》及《莱特》四篇文章编入由我主编的《建筑文库》中，书名为《现代建筑奠基人》并于1991年由中国建筑工业出版社出版第一版。为此，罗小未除了重新选配了一些图片外，在文字上又作了一次全面的修改。

[2]《外国近现代建筑史图说》一书，着手于1996年，经过3年努力仍未杀青。

[3]这里说的建研院即北京车公庄大街的建筑技术发展中心，现改为建筑技术研究院。其前身即建立于50年代的建筑科学研究院的部分机构，原建工部图书馆曾设在该院。据我了解，该馆50～60年代花了不少钱采购了不少国内外各种版本书刊，是国内建筑图书藏书比较多的一处大型图书馆。据有关报刊报道，90年代因经费不足，当废纸卖了一些书，所余图书也部分封存。

罗小未(1925～)，女，1948年毕业于上海圣约翰大学建筑系，上海同济大学教授，曾任上海建筑学会理事长。主要著作有《现代建筑奠基人》、《西洋建筑史概论》、《外国建筑史——近现代资本主义国家部分》等。

杨老：

您好。您寄来的两份剪报与汇来的稿费均已收到了，谢谢。这次重新整理成套出版还有稿费，数目还不少，真是没有想到。这都是托您的福，非常感谢。下次我到北京时，一定要请您吃饭，望您赏光。

这个暑假我在埋头苦干我校将要出版的《外国近现代建筑史图说》。古代的早在10年前便出版了。近现代做了好几次均没有做下去，但各校都企望要有这本图集（古代的已印了八版，常供不应求）。明年是同济90周年校庆。校方要献90本书，挑了这本，定要我们做出来，只好遵命。这种工作看上去水平不高但做起来却费心得很。所选图片已牵涉到卅余本书（翻阅的还没有计）。将来文字要简单扼要（这四个

钱学森致鲍世行信

(1996年9月15日)

鲍世行同志:

您9月5日来信[1]及稿费200元都收到，《东方视角》杂志[2]想也即日可见。

经过大家的共同努力，山水城市及建筑科学的确受到重视。这是我深有体会的：早些时候我曾提出要建立地理科学大部门，并立于自然科学、社会科学、数学科学、系统科学、思维科学、人体科学、军事科学、行为科学与文学艺术9大部门，形成现代科学技术体系的10大部门；但除了少数人之外，反应不很强。但这次提出建筑科学大部门却引起大家的支持，山水城市也如此。什么原因？这是我们该好好反思的。

我想可能有两个方面的原因：

(一)居室及工作环境是人们都有日常体会的。您信中说的群众对您广播讲话的反应[3]不就是这样吗？而地理环境却不是群众都有切身体会的。

(二)从学科大部门来看(这是学者们重视的)，地理科学只是自然科学与社会科学的交叉结合，而建筑科学则是自然科学、社会科学和美术艺术的三结合，更复杂高超!

从这两方面体会建筑科学和其哲学概括——建筑哲学的意义，令人感到构筑建筑科学这一现代科学技术体系的第11个大部门的重要，这是中国建筑界城市科学界的历史任务！我们要用以马克思主义哲学来指导，用建筑科学来建立21世纪社会主义中国人居环境!

我这些想法对不对？请您指教。您也可以同顾孟潮同志谈谈，我也向他请教。

此致

敬礼

钱学森

1996年9月15日

鲍世行注释

[1]指1996年9月5日鲍世行给钱学森的信，见《山水城市与建筑科学》，中国建筑工业出版社(1999年6月)第135页。该信讲述1996年8月30日鲍世行在中央人民广播电台“专家热线”节目中主讲“城市发展新模式：山水城市”的情况及听众的反应。

[2]《东方视角》杂志由中国经济文化研究院主办，在浙江金华出版。这里所指为1996年7月出版《东方视角》1996年第2期，上刊有《钱学森会见鲍世行、顾孟潮、吴小亚时讲的一些意见》一文。

[3]指群众对鲍世行在中央人民广播电台上主讲“山水城市”时的反应。

(二)从学科大部门来看(这是学者们重视的)地理科学只是自然科学与社会科学的交叉结合，而建筑科学则是自然科学、社会科学和美术艺术的三结合，更复杂高超！

从这两方面体会建筑科学和其哲学概括——建筑哲学的意义，令人感到构筑建筑科学这一现代科学技术体系的第11个大部门的重要，这是中国建筑界城市科学界的历史任务！我们要用以马克思主义哲学来指导，用建筑科学来建立21世纪社会主义中国人居环境！

我这些想法对不对？请您指教。您也可以同顾孟潮同志谈谈，我也向他请教。

此致

敬礼！

钱学森

1996.9.15

陈植致杨永生信

(1996年12月22日)

永生同志：

前奉手书，因又患喉炎，未及致复，而《建筑师》96年10月期已到，感甚，感甚!此一全国闻名的刊物现在内容丰富，满载城市学—建筑学的理论……和实践心得，层次越来越高。这亦要归功于你与伯扬[1]同志，可敬可佩。

杨老[2]作品集的有关谈论亦对我有很大启发。我所写“名噪一时的现代建筑大师”(见67页左末第9行)中漏掉“古典”两字(现代古典建筑)。这是我的疏忽。

闻你将800项近代建筑编写[3]将上海部分交由郑时龄君负责，我深深地感到兴奋，亦不免遗憾，因“华盖”[4]的全部图纸、图书、渲染图、照片、设计项目全录等等在十年动乱中全被“处理”，更何谈由时龄同志供“平、立、配”。当初不免惋惜(甚至愤慨)，不久即觉得一切如浮云朝露。至于现存华盖之建筑，很多所谓“实物”，个别被毁，有的改建、加层，已由我将此状况，告知时龄。

关于基泰工程司的图纸早已得知在南京保留下来，否则从何选出杨老作品等。《建筑师》在京，不妨寻找并列入与基泰同年创立(1920年)的华信工程司，创始人沈理源建筑师(1890～1951)留学意大利，据闻，在京设计几乎全部1915年前的清华学校校舍。北京第一个电影院东安门的真光电影院，应为现儿童剧院(以前北京唯一“电影院”是东单的“平安”，只能容百余人)及天津—汉口—杭州等处的浙江兴业银行……

我感谢你对我的关注，未曾料到建筑工业出版社在编近代建筑项目[3]，给我极大鼓舞。专此祝来年业绩倍增，万事如意!

植　手上

1996年12月22日

杨永生注释

[1]伯扬系王伯扬，时任中国建筑工业出版社副总编辑。

[2]杨老系杨廷宝。

[3]这书系指杨永生、顾孟潮主编《20世纪中国建筑》一书，由天津科技出版社于1999年6月出版。

[4]华盖系指华盖建筑设计事务所。

杨老作品集的有关谈论亦对我有很大启发。我所写“名噪一时的现代建筑大师”(见67页左末第9行)中漏掉“古典”两字 现代古典建筑 这是我的疏忽。
闻你将800项近代建筑编写将上海部分交由郑时龄君负责，我深深地感到兴奋，亦不免遗憾，因“华盖”的全部图纸、图书、渲染图、照片、设计项目全录等等在十年动乱中全被“处理”，更何谈由时龄同志供“平、立、配”。当初不免惋惜，
(甚至愤慨)

张开济致彭一刚信

(1997年11月23日)

一刚兄嫂：

顷奉手书和大作《悦目与赏心》一文[1]，拜读之后，高兴之余，深感歉仄。

高兴的是大作不仅是“文如其人”，而且又是“文如其设计”。盖两者相互引证，都是杰作也。

更高兴的，大作中多次引用拙作“古都风貌……”一文中的一些话，使拙作真正起到了“抛砖引玉”的作用，“抛砖引玉”本是一句客套语，抛的可能是砖，可是引来的却不一定都是玉，不过你的文章却是一块货真价实的美玉。不过我也不愿过份妄自菲薄，我认为我的文章至少尚能“实话实说”。因此还算是一块“实心砖”，比时下那种通篇空话的“空心砖”尚稍胜一筹也，一笑!

最高兴的是，在上次杭州的盛会上，内人有幸得认嫂夫人，并彼此谈得十分投机，可称有缘，我深信这将有助于加强我们两家的友谊。

感到抱歉的是由于我的疏忽，把舍间的地址写错了(把甲48号错写成甲38号了)以致劳兄再次付邮，以能及时收到大作，以便先观为快，为此议向你再次致歉。

快晤在即，余容当面畅谈，专此即请

俪安

内人附笔问好

弟

张开济 上

1997.11.23

杨永生注释

[1]《悦目与赏心》一文系彭一刚后来发表在1998年第6期《建筑师》杂志的《悦目与赏心——建筑创作朝更高层次突进》。

王世仁致北京市领导信

——关于利用文物古迹发展文化产业的意见

(1998年4月17日)

市领导同志:

自市委、市政府决定利用北京文化的优势，发展文化产业以来，许多议论、规划、方案，以及若干项目的实施都很令人鼓舞。其中，充分利用文物古迹，特别是地上的史迹遗存发展文化产业，把资源优势转变为产业优势，由单纯的教育型社会效益转变为产业与教育并重，经济与文化互补的产业型社会效益。这恐怕是当前难度最大，但又必须直面解决的重要课题。我作为一名多年从事文化遗产(主要是文物建筑)研究、保护工作，并主持过一些文化产业工程(已见效益的如司马台长城、天桥乐茶园、湖广会馆)的专业人员，也思考了一些问题。根据当前存在的主要矛盾，应先解决好以下三个问题。

第一，加深认识。要充分认识保护利用北京的史迹遗存是首都经济赖以可持续发展的基本条件之一，理由有三：一、北京悠久的历史，城市、街巷格局，各类古建园林，自然人文景观，在世界上声誉极高，本身就是一个大“品牌”。正如巴黎、罗马、伦敦、日内瓦、莫斯科、布拉格、开罗，主要都是依托着历史古迹，文化传统名扬世界，从而引导着经济繁荣。品牌是商品追求的最高目标，也是商品得以生存的依托，“名牌城市”对于当地经济的作用是不言而喻的。二、文物古迹与现代设施共存，人文历史信息与生活科技含量同步，正是当代现代化城市的质量标准。文化史迹保存得越多，城市质量(文化质量和环境质量)也相应越高，高质量的城市必然能创造高效益的经济，这也是当代城市经济证明了的事实。三、对待文化遗产的态度，也是公众衡量一个政党、一个政府、一个官员素质的标准之一。特别是在世界上人口最多，历史悠久而文化传统不曾中断的泱泱中华大国，在当今和平与发展成为人类生活的主流中，领导者(政党、政府、官员)的这种素质形象，必然会导致公众对这个国家、这个城市的信任程度。可以断言，在享有高文化素质美誉的政府、市长领导下的城市，其对投资、贸易、旅游的吸引力无疑是巨大的。因此，我建议在适当的时机组织有关党政干部就传统文化、文物古迹在首都经济中的地位开展一次讨论，统一、提高认识。

第二、控制资源。任何产业的发展首先要依靠资源，文化产业也不例外。文化遗产、文物古迹是文化产业的重要资源，它和土地、河湖、矿产一样，也应属于国有资产，也应加以保护控制，避免流失。它们也不是随意可以开发、利用或拆除，而是必须付出代价，给予回报的。北京现有区县级以上文物保护单位七八百余项，还有历史文化街区、风景名胜区，当然都是文化资源。但除此以外的传统村镇、街道、民居、祠庙、市井建筑，远不止此数，估计还有一两万项。这是“硬”资源。还有更多的“软”资源，包括人文史实、匾联文字、景物题记、地望名称、名牌字号等。只清代“三山五园”的“景”名(如圆明园四十景，静宜园二十八景等)，如“九洲清宴”、“万方安和”、“茹古涵今”等题名就有很高的潜在价值；又如“紫禁城”、“国子监”、“大栅栏”、“天桥”等地名，也都具有“名牌”效应；再如名店、名校、名医、名药、名书局、名厂商，它们的名称也都是资源。近年来外地一些“有识之士”已利用北京这类资源(如珠海园明新园)进行商业活动，获取了效益。为此，我建议应尽快由政府出面，组织人力，像探矿找矿一样，挖掘遗产资源，公布目录。还应制订地方法规，切实保护这些资源，先控制在政府手中，凡认定的资源皆可以挂牌标示。同时，组织专家进行价值评估，先搞摸拟式量化，再根据实际项目效益换算货币价值。凡利用、开发、改造、拆除这些资源，必须支付经济补偿。

第三、软硬接轨。由于历史上形成的体制原因，现在涉及文物古迹研究、保护、管理、维修的，有社科、高校、房管、文物、园林、城建许多单位。凡有保、拆、改、修，动辄扯皮，市长忙于协调，究其根本原因，是“软”——文化倾向和“硬”——建设倾向脱节，没有一个“软硬兼备”、“软硬兼施”的高素质业务班子做前期工作。现在的主要矛盾有二，一是保护与建设，二是投入与产出。解决的前提不能就事论事，而是要作可行性研究，“软”、“硬”同步运作。我在做天桥乐、湖广会馆时，就是既充分揭示其历史文化价值，找出其价值的核心或生长点，同时做建设方案和经济测算，最后不是一篇论文而是一个保护、改造、利用的实施方案。如今面对文化产业的运作，文物古迹即将进入市场运行，更需要有一个能够从调查、评估、市场预测到规划设计一条龙的软、硬结合的班子。我本人忝为“专家”，但我深知，没有十八般武艺件件精通的专家；专家也不是不食人间烟火的圣人，也会受到方方面面的影响，因此，在涉及保护、利用、评价、开发或拆迁这类大事时，专家的咨询也应有序操作。因此，建立上述业务机构势在必行，否则软硬脱节，好心可能会办坏事。这个机构目前的功能是领导机关的参谋班子，日后应转入市场机制，它自身也是一个智力密集型的文化产业，不仅限于北京，还可以拓展到外地以至世界，我相信我们是有这个能力的。

以上意见当否，请参酌。

王世仁

1998年4月17日

王世仁注释

此信于1998年7月6日载入北京市委政策研究室编内部刊物《决策参考》第50期。北京市领导人刘淇等均有批示。

互补的产业型社会效益。这恐怕是当前难度最大，但又必须直面解决的重要课题。我作为一名多年从事文化遗产（主要是文物建筑）研究、保护工作，并主持过一些文化产业工程（已见效益的如司马台长城、天桥乐茶园、湖广会馆）的专业人员，也思考了一些问题。根据当前存在的主要矛盾，应先解决好以下三个问题。

第一，加深认识。要充分认识保护利用北京历史遗存是首都经济赖以可持续发展的基本条件之一，理由有三：一、北京悠久的历史，城市、街巷格局，众多古建园林，[illegible]自然人文景观，在世界上声誉极高，本身就是一个大“品牌”。正如巴黎、罗马、伦敦、日内瓦、莫斯科、布拉格、开罗，主要都是依托着历史古迹、文化传统名扬世界，从而引导着经济繁荣。品牌是商品追求的最高目标，也是商品得以生存的依托，“名牌城市”对于当地经济的作用是不言而喻的。二、文物古迹与现代设施[illegible]共存，

张开济、何祚庥、张钦楠、叶廷芳

关于国家大剧院的建议信

(1998年10月1日)

北京是我国的政治中心和文化中心，天安门广场是北京的城市中心。在这国家中心的中心地位，要建造一个国家大剧院说明了我们政府对于人民文化生活的关怀，对首都城市建设的重视。为了保证工程的质量，不把大剧院作为限期竣工的“献礼工程”，而且还举办了设计方案的国际竞赛，这些都是十分明智的决定。参加竞赛的设计方案又在北京公开展出，前来参观的群众非常踊跃，更说明了广大群众对于大剧院建筑设计的关心和重视，这是非常可喜的现象。

当然在前一段时期，全国人民更关心的是全国各地的抗洪救灾工作。所幸在党和政府的坚强领导之下，全国军民上下一心，团结一致，共同奋斗，抗洪救灾现在已经获得了全面的胜利。不过随之而来的大量善后工作却正在开始，其中包括灾区人民的重建家园，灾区水土的治理和水利基本建设工程的兴建等等。这些都是十分艰巨的任务。在一个相当长的时期内，国家需要为此投入大量的物力、财力和人力。因此政府再一次动员和要求全国各级机关和单位务必厉行勤俭节约的方针，发扬艰苦奋斗的作风，并为此制订了一系列具体的执行措施，其中第一条就是停止建造一切楼堂馆所。国家大剧院是否属于政府明令禁造的楼堂馆所的范畴，我们不很了解。不过有一点是比较明显的，这个项目要求很高，投资很大，而其需要则又不如有些基础建设工程那样紧迫，因此是否有必要急于上马，似乎尚可商榷。

我们以为有关大剧院的建造至少有两方面的问题需要乘此机会从长计议一下。

首先是设计任务书的内容问题。大家都知道，作文章先要出题目，题目出得好不好关乎整篇文章的命运。编写设计任务书有如出题目，它是决定设计内容是否恰当的关键性文件，而现在的设计任务书却颇有值得研究之处。

第一，内容太多了。它包括一个2500座的歌剧院，一个2000座的音乐厅，一个1200座的戏剧场和一个300~500座的小剧场。把这许多剧场都集中在一座建筑内，这在世界各国都是绝无仅有的。世界著名的建筑大师贝聿铭很关心国家大剧院的设计问题。今年5月间他在北京时，还专门和我们中的张开济先生讨论了有关歌剧院的设计方案竞赛问题。他的一个主要意见是4个剧场都建造在一起不太合理，不一定合用，也无此必要。

第二，面积太大了，大剧院的总面积为12万平方米，相当于人民大会堂面积的三分之二。同样位于天安门广场的革命博物馆和历史博物馆的总面积则不到7万平方米，国家大剧院的面积比两个国家博物馆的面积几乎大了一倍，是否有此必要，很值得研究。

第三，造价太高了。国家大剧院的造价为30个亿，这可能是世界上造价最高的一个剧场建筑，比闻名世界的澳大利亚悉尼歌剧院和美国纽约的林肯演艺中心的造价还高。是否有此必要，亦有重新考虑之必要。

总之，国家大剧院的设计任务书本来就存在规模偏大、造价偏高的问题，而在今天全国上下都在厉行节约，力求勤俭办一切事情的形势下，这些问题就更为突出了，而且和国家当前的方针政策不太

何祚庥(1927~)，1951年毕业于清华大学，1980年当选为中科院院士(学部委员)，现任中科院理论物理研究所研究员。粒子物理、理论物理学家。

张钦楠(1931~)，1951年毕业于美国麻省理工大学土木工程系，曾任建设部设计局局长，现任中国建筑学会副理事长。

叶廷芳(1936~)，1961年毕业于北京大学西方语言文学系，现任中国社会科学院外国文学研究所研究员。

协调。因此在开始下一轮的方案竞赛之前，如何通过认真学习国家方针政策，深入了解广大群众的实际需要，广泛征求各个方面的不同意见，然后把设计任务书作一些必要的修订，可能倒是当务之急。

在修订设计任务书的过程中，经济效益应该放在首要地位。因此有关经济效益的一系列问题，如投资能否收回，日常收入与开支能否平衡，都应该有个估计。因为这样一座庞大的建筑，其平日水电维修、降温、供暖等等费用，以及管理服务人员的工资，是十分可观的，将来票房收入是否够付日常开支，首先就是一个很大的问题。此外，在4个剧院中，面积最大、座位最多的是歌剧院，这在西方是很正常的。不过在今天的中国，歌剧还很不普及，演出不经常，大剧院建成后，估计使用率很低，其他几个剧场是否“吃得饱”也值得怀疑。因此整个大剧院的经济效益就不能不令人担忧。我们衷心希望将来不要出现房子盖得起，却用不起的情况，更要避免将来首都虽然多了一幢宏伟的大厦，政府却从此背上了一个沉重的包袱!

第二个是建筑设计问题。解放以来，尤其改革开放之后，全国各地建造了数量空前的民用和公共建筑，成绩是有目共睹的，美中不足的是，其中有些重要的公共建筑，由于过分追求气派，一味贪大求全，只顾外观，不讲实用，完全忽视必要的经济效益和社会效益，以至国家花了大量的投资，却并没有收到应有的经济效益，甚至还产生了反面效应。例如规模空前耗资惊人的北京西客站，建筑一经使用，就纰漏百出，遭到了各方面的强烈批评。这是其中一个最突出的例子。因此这次国家大剧院的建筑，为了提高设计质量，举行了设计方案的国际竞赛以征求最佳设计方案，是完全正确的，我们完全拥护。

不过同时也应该承认，这次竞赛的直接成果却不是尽如人意的，因为它并没有产生出一个比较切实可行、马上可以采用的方案。而且这次竞赛一眼就可以发现国内和国外的设计方案存在非常明显的差别。这些都不是偶然的。长期以来，我国在建筑创作方面与国际的交流是很不够的。这次国家大剧院设计方案的国际竞赛是我们试图与国际建筑界接轨的一个尝试，因此不大可能立即产生一个飞跃，其间可能需要一段“磨合”的时间，以便充分消化和吸收这次交流的成果。因此我们建议，乘此初次竞赛告一段落之际，一方面组织有关单位将设计任务书重新商讨一下，另一方面动员参加这次竞赛的国内设计单位共同讨论一下参加这次竞赛的观感和体会，经验与教训，如何吸取外人之所长，以补自己之不足，以及如何进一步发挥自己的所长等等问题。而且这种活动不妨举行多次，同时并可邀请建筑界更多的专家学者和学生都来参加这种活动。我们知道为了举办这次竞赛，我们是花了不少美金，不过我们相信这些美金是不会白花的，只要我们充分利用这次竞赛的效应，我们完全可以做到“一本万利”的。

我们更深信，只要稍稍多给他们一些时间，我们中国建筑师是完全有能力创作出一个既能充分反映我国的文化艺术水平，同时又能为首都、为天安门广场和西长安街增光添彩的国家大剧院的。

最后，社会效益更是一个必须重视的问题。根据现在大剧场的建筑面积和容纳观众人数来计算，平均每个座位的造价将接近50万元。这样高的“身价”，其场租之贵，票价之高是可以想象的。因此各剧院每年能“吃饱”几成，有多少人能看得起，可能都是问题。假如大剧场建成之后，一般剧团付不起场租而不敢问津，一般观众买不起门票而望门兴叹，那么其社会效益也大成问题了。

此外，大剧院主要演出一般都在晚间，入夜大剧院门前灯火辉煌，观众如织，方显得一派歌舞升平、国泰民安的景象。假如经常门可罗雀、灯光暗淡、车马稀少，其效果就会适得其反。

最后我们还有一个建议：我们认为北京现有的剧院和音乐厅之类为数并不少，我们不妨选择其中基本条件比较好的，对它们进行必要的改建，特别是改善其音响照明等剧院必要的设备。这样做无论经济效益还是社会效益都要划算得多。因为这些场所都是一般剧团租得起的，广大观众看得起的，平日深为首都市民所“喜闻乐去”的场所。所以它们的改建对于丰富人民的文化生活将会在一个较短的时期内起到相当广泛的作用，因此是一种功德无量的大好事。

最后我们建议：国家大剧院的建造绝对不能“食言”，但这毕竟是百年大计，不妨从长计议，不必急于求成。而对于上述那种切实可行惠而不费的改进首都现有文化建筑设施的做法也不要因为其“小打小闹”而不屑为之，而是应该早日上马，尽快实现。为国家力求节约，让人民多得实惠，一举两得，何乐而不为?

1998年10月1日

张开济注释

1998年秋，关于北京国家大剧院的修建问题引起了各方面的关注，何祚庥、张钦楠、叶廷芳三位同志的看法和我很接近，因而曾多次相聚谈论这一问题。最后推我执笔写成此文，所以本文实为集体创作，我个人不敢掠美，特此声明。

图书在版编目(CIP)数据

建筑百家书信集/杨永生编．—北京：中国建筑工业出版社

ISBN 7-112-04098-1

I.建… Ⅱ.杨… Ⅲ.①建筑学-书信集 ②建筑史-书信集 Ⅳ.TU-53

中国版本图书馆CIP数据核字(1999)第56006号

责任编辑：王明贤
版式设计：董建平

建筑百家书信集
杨永生 编

*

中国建筑工业出版社出版、发行（北京西郊百万庄）
新 华 书 店 经 销
北京广厦京港图文有限公司制作
北京建筑工业印刷厂印刷

*

开本：787×1092毫米 1/16 印张：8½ 字数：207千字
2000年3月第一版 2000年3月第一次印刷
印数：1—3,000册 定价：18.00元
ISBN 7-112-04098-1
TU·3234(9491)